HISTOIRE DES TECHNIQUES
sous la direction d'Anne-Françoise Garçon et André Grelon
6

Une histoire des instituts universitaires de technologie (IUT)

Pierre Benoist

Une histoire des instituts universitaires de technologie (IUT)

PARIS
CLASSIQUES GARNIER
2016

Pierre Benoist, ancien élève de l'ENA, est docteur en histoire et chercheur associé au centre de recherches historiques de l'École des hautes études en sciences sociales. Il a publié des études sur la formation professionnelle, la promotion sociale, les statuts des enseignants et la carrière de François Goguel, secrétaire général du Sénat et président de la Fondation nationale des sciences politiques.

ISBN 978-2-8124-4637-5 (livre broché)
ISBN 978-2-8124-4638-2 (livre relié)
ISSN 2118-8181

ABRÉVIATIONS

ACADI	Association des cadres dirigeants pour le progrès économique et social
ADIUT	Association des directeurs d'IUT
AFDET	Association française pour le développement de l'enseignement technique
AFPA	Association pour la formation professionnelle des adultes
ASSEDIC	Association pour l'emploi dans l'industrie et le commerce
BEC	Brevet d'Enseignement Commercial
BEI	Brevet d'enseignement industriel
BTP	Bâtiment et travaux publics
BTS	Brevet de technicien supérieur
CAP	Certificat d'aptitude professionnel
CEREQ	Centre d'études et de recherches sur les qualifications
CES	Collège d'enseignement secondaire
CESI	Centre d'études supérieures industrielles
CNAM	Conservatoire national des arts et métiers
CNPF	Conseil national du patronat français
CPER	Contrat de plan État région
CPN	Commission pédagogique nationale
CSTB	Centre scientifique et technique du bâtiment

DATAR	Délégation à l'aménagement du territoire et à l'action régionale
DEST	Diplôme d'études supérieures techniques
DGOPS	Direction générale de l'organisation et des programmes scolaires
DPDU	Direction de la programmation et du développement universitaire
DUT	Diplôme universitaire de technologie
EHESS	École des hautes études en sciences sociales
ENET	École nationale de l'enseignement technique
ENP	École nationale professionnelle
ENS	École normale supérieure
EPHE	École pratique des hautes études
FAF	Fonds d'assurance formation
FEN	Fédération de l'Éducation nationale
FIP	Formation d'ingénieur en partenariat
FONGECIF	Fonds de gestion des congés individuels de formation
GET	Groupe d'enseignement technique
IAE	Institut d'administration des entreprises
IEP	Institut d'études politiques
IFTS	Institut de formation technique supérieure
IGAENR	Inspection générale de l'administration de l'Éducation nationale et de la recherche
LMD	Licence master doctorat
LRU (loi)	Liberté et responsabilités des universités
SGEN – CFDT	Syndicat général de l'Éducation nationale affilié à la Confédération française démocratique du travail
SNES	Syndicat national de l'enseignement secondaire

SNESUP	Syndicat national de l'enseignement supérieur
SNET	Syndicat national de l'enseignement technique
UER	Unité d'enseignement et de recherche (1968)
UFR	Unité de formation et de recherche (1984)
UIMM	Union des industries métallurgiques et minières puis union des industries et des métiers de la métallurgie

INTRODUCTION

Les instituts universitaires de technologie (IUT), créés par le décret du 7 janvier 1966, ne constituent pas le principal des sujets de discussion qui agitent l'enseignement supérieur : la priorité va à de grands débats comme la mise en œuvre de l'autonomie des universités et ses conséquences sur la desserte du territoire, l'échec de nombreux étudiants dans leurs études universitaires, la concurrence entre classes préparatoires aux grandes écoles et universités, la gestion coordonnée de la recherche et de l'enseignement.

Les instituts universitaires de technologie n'apparaissent que sporadiquement dans ces débats pour constater, en général, leur succès, mais aussi l'ambiguïté de leur mission à mesure que s'accroît régulièrement la proportion de leurs étudiants qui poursuivent des études après l'obtention de leur diplôme, en contradiction avec leur vocation originaire de former des techniciens supérieurs destinés à entrer dans la vie active immédiatement après une formation de deux années. Des discussions sont également menées sur leur public privilégié : beaucoup pensent que leur efficacité pédagogique devrait les destiner à l'accueil des bacheliers qui appellent un encadrement particulièrement attentif. Cette attitude relève pourtant d'une perception très réductrice de leur place dans l'université.

Dans la période actuelle de réflexion sur l'autonomie des universités, leur existence, en tant qu'entités homogènes présentes dans l'ensemble du tissu universitaire, pose de manière concrète les problèmes de l'étendue et des limites de cette autonomie. Ils deviennent des révélateurs de l'ampleur de l'ambition de l'autonomie des universités.

Pierre Aigrain, directeur des enseignements supérieurs au moment de leur création, en 1966, les présentait comme la plus importante et peut-être la seule importante innovation de l'enseignement supérieur français en un siècle.

Cette création marque en effet une date dans l'histoire de l'université française : c'est peut-être la seule fois que le système universitaire répondait à un défi démographique par l'invention d'une voie nouvelle qui, tout en respectant le cadre de l'université, créait une filière de formation centrée sur un objectif économique bien défini et à vocation délibérément professionnelle, à un niveau de fonction relativement modeste, eu égard aux ambitions traditionnellement élitistes des formations données dans les universités. Un regard historique porté sur le passé de ces organismes est donc particulièrement utile. Des études ont déjà été faites en 1970[1] sur le sujet : outre de nombreux articles, un ouvrage a été produit par Michel-Yves Bernard, le principal artisan de la conception des IUT et trois thèses au moins ont concerné les IUT : celle de Michel Bernard[2], celle de Jean Lamoure[3] et celle de Myriam Baron[4].

Le point a certes été fait à plusieurs reprises sur leur situation à certaines dates anniversaires : en octobre 1990, Christian Forestier leur a consacré un rapport : « Les IUT, vingt-cinq ans après leur création ». En 2006, l'association des directeurs d'IUT (ADIUT) et l'Union nationale des présidents de conseil d'administration des IUT (UNPIUT) ont produit un « Livre blanc sur le système IUT : après quarante ans d'existence : histoire, bilan, perspectives ». Rédigés dans des perspectives différentes, ces documents ne constituent pas une histoire des IUT mais mettent en relief certains problèmes qui se posaient à leur époque. Il peut ne pas être superfétatoire de reprendre les grandes lignes d'une évolution qui porte maintenant sur quarante-huit ans et concernait, en 2008, 117 278 étudiants sur les 2 194 791 que comportaient les enseignements supérieurs à la même date[5]. Même s'ils ne rassemblent pas les effectifs qui étaient projetés lors de leur création, les IUT ont connu une croissance constante depuis leur fondation. Ils bénéficient d'une réputation certaine parmi les étudiants et parmi les familles. La sélection sur dossier est rassurante et il existe un faible risque de chômage pour ceux qui prennent fonction dès la sortie. Mais 51 % poursuivent des études

---

1 Bernard, Michel-Yves, *Les instituts universitaires de technologie*, Paris, Dunod, 1970.

2 Bernard, Michel, *Genèse et développement des IUT, 1965-1975, Contribution à l'analyse et à l'évaluation des Innovations en éducation*, thèse pour le doctorat d'État es lettres et sciences humaines, CNAM, 1977.

3 Lamoure, Jean, *Les I.U.T. : Les limites d'une expérience réussie, une approche des conditions de réalisation d'une réforme dans l'enseignement professionnel*, thèse pour l'obtention du doctorat de troisième cycle en sociologie, université de Caen, 1980.

4 Baron, Myriam, *La place des IUT dans la structuration de l'espace de formation supérieure en France*, Thèse de géographie, 1994.

5 Prost, A. et Cytermann, J.-R. « Une histoire en chiffres de l'Enseignement supérieur en France », in *le Mouvement social*, n° 293, Oct-Déc. 2010.

longues : le système fonctionne désormais principalement comme une préparation aux écoles d'ingénieurs, aux écoles de commerce ou comme un marchepied vers les deuxièmes cycles d'université. Cette orientation fait débat d'une manière récurrente dans les milieux des enseignements supérieurs, tout comme le problème du public des bacheliers depuis la création des IUT.

Les IUT sont en fait très tributaires des circonstances contraignantes dans lesquelles ils ont été conçus. Les années 1960 ont été, dans les enseignements supérieurs, vécues dans la crainte de ne pouvoir trouver une solution convenable à l'afflux des effectifs d'étudiants du fait de la démographie et de la réforme des enseignements du second degré. Cette conjonction a rendu nécessaire une réforme des enseignements supérieurs qui s'est orientée vers la création d'une voie technologique courte prenant la forme de la constitution d'une nouvelle structure d'accueil destinée à la formation de techniciens supérieurs, concurremment avec les formations données dans les lycées techniques aux mêmes fins, les sections de techniciens supérieurs (STS), le problème n'ayant jamais été résolu de la suppression ou non de ces dernières formations. Les ambiguïtés qui ont présidé à cette innovation continuent d'influer sur la gestion du système.

Cette création d'une filière nouvelle est par ailleurs la plus importante des innovations institutionnelles et pédagogiques de la deuxième partie du XXe siècle dans les enseignements supérieurs ; elle a pour elle l'avantage de la durée et de la renommée. D'autres mesures n'ont pas eu la même longévité. Son histoire, celle de ses réussites et celle de ses échecs peuvent être de nature à apporter des informations sur une stratégie du changement.

Il ne paraît toutefois pas encore possible de produire une histoire complète et exhaustive de près de 50 années d'une institution pour en saisir l'intérêt et les enseignements. Le déroulement chronologique de l'existence des IUT n'est d'ailleurs pas homogène : il y a des périodes de progrès rapide et des périodes de stagnation de leur développement. Le nombre des IUT (116 en 2008), de leurs spécialités (24) leur donne une diversité supérieure à celle des universités. Leur localisation, qui va des villes universitaires aux agglomérations de moindre importance réparties sur le territoire rend très hétérogènes leurs caractéristiques, malgré une réglementation commune, des catégories de personnel uniformes, et le rôle unificateur de l'administration centrale. Cette diversité ne peut être appréhendée que difficilement par manque de monographies[1]. Le présent travail n'a donc pas l'ambition d'être l'histoire des IUT mais une trame historique de ce que pourrait être cette histoire procédant à un repérage des jalons essentiels, en essayant de comprendre les enchaînements des faits, les intentions des initiateurs, les intérêts et les jeux des acteurs, les conséquences des décisions prises et éventuellement les dérives qui n'ont pas été pressenties ni évitées.

La période traitée sera celle qui va du projet (1964) à 2002, fin de la période de réalisation du projet Université 2000. Des événements postérieurs seront toutefois mentionnés, dans la mesure où ils sont la poursuite ou l'achèvement de la période antérieure ou s'ils permettent de la mieux comprendre.

Les périodes essentielles semblent avoir été d'abord celle de la création des IUT, dans l'angoisse de la montée des effectifs des étudiants et de la recherche d'un accueil approprié : nécessité démographique, intérêt économique, mais aussi volonté de donner une autre destinée aux enseignements supérieurs en alliant culture et professionnalité. Les IUT ont été la manifestation la première et la plus importante de la professionnalisation dont le concept ne sera abordé que beaucoup plus tard avec la loi Savary de 1984, si l'on met à part les instituts d'université de la fin du XIXe et du début du XXe siècles, annexes des facultés des sciences devenus écoles nationales supérieures d'ingénieurs à partir de 1947. Après les premiers développements qui ont été essentiels et qui culminent en 1969-1970 vient une période de critiques et de limitation des ambitions jusqu'au début des années 1980.

La seconde grande période de développement des IUT se situe dans les années 1990 lorsque dans un contexte de recherche d'une coopération financière des collectivités locales, la préoccupation, nouvelle dans l'enseignement supérieur, d'aménagement du territoire et de desserte équitable de toutes les populations l'emportera un moment sur le souci de sauvegarder la proximité des IUT et des universités, avec les opérations université 2000 et université du troisième millénaire (U3M).

---

1 Seule a pu être étudiée celle de l'IUT de Montluçon : Mercier, Michel, « Montluçon ville universitaire (1968-1998) », document extrait du « *Bulletin des amis de Montluçon* » n° 50, 1999.

Une première partie sera donc consacrée à la période 1964-1966, celle de « l'invention des IUT », comme solution proposée à l'arrivée des cohortes nombreuses des étudiants, par la création d'une nouvelle filière des enseignements supérieurs. Dans une seconde partie seront décrites les principales périodes de la vie des IUT : leur développement rapide, suivi d'une stagnation et de critiques avant un nouveau développement à partir de 1990, avec le plan « Université 2000 » et l'entrée dans la période d'interrogation coïncidant avec le développement de l'autonomie des universités. Une troisième partie sera celle d'une étude thématique des réussites des IUT, et aussi des problèmes récurrents qui caractérisent leur existence et leur fonctionnement. En effet, les IUT ont incontestablement apporté aux enseignements supérieurs des expériences positives dans le domaine de l'organisation pédagogique, de la pluridisciplinarité, de la collaboration de personnels d'origine diverse. Ils ont aussi favorisé la naissance d'un esprit de corps entre les différents responsables et formateurs qui apportent au fonctionnement du système un souci très réel d'efficacité. Parmi les interrogations permanentes posées au système figurent

- la définition de la fonction et de la situation sociale des techniciens supérieurs qui sont l'objet de la nouvelle filière de formation : quelles évolutions les affectent-elles depuis 1966 ?
- Le public scolaire auquel la nouvelle filière est destinée. Faut-il privilégier les bacheliers qui ont déjà fait le choix de la technologie, ou laisser la liberté aux instituts de choisir leurs étudiants au risque de privilégier les plus brillants ? Le laconisme des textes d'origine laisse place à des réponses contradictoires. Cette interrogation, qui peut paraître secondaire, mobilise pourtant l'énergie aussi bien de l'administration soucieuse de trouver une perspective à tous les bacheliers que des responsables locaux des IUT qui veulent garantir le standing intellectuel de leurs formations.
- La fonction essentielle des IUT : au fil des ans, ils fonctionnent davantage comme organismes préparatoires aux entrées dans les écoles d'ingénieurs, écoles de commerce, formations longues des universités, que comme organismes formateurs de techniciens supérieurs. Les statistiques montrent une poussée constante

en ce sens. Ce mouvement met en cause la mission des IUT. Il conduit à la création d'une filière nouvelle de préparation aux grandes écoles, parallèle à celle des classes préparatoires et il mène à l'abandon au moins partiel de la mission originelle de formation de techniciens supérieurs.

- La concurrence pour la formation des techniciens supérieurs, entre IUT et sections de techniciens supérieurs des lycées techniques. L'histoire de cette concurrence montre les conséquences d'une certaine hâte dans la décision de constituer la nouvelle formation, et met en évidence l'ardeur que peuvent apporter les corporations de la Fonction Publique à la défense de leur territoire d'exercice.
- L'administration et la gouvernance des IUT : comment l'administration centrale a-t-elle réussi à piloter une nouvelle filière des enseignements supérieurs sans disposer à l'origine dans les académies et les départements, ni même à l'administration centrale, de tous les moyens appropriés ? Les solutions inventées ont permis de gérer le système, mais la parcimonie initiale de moyens de gestion est sans doute responsable de défauts de pilotage souvent reprochés au système des IUT.

Le présent travail repose essentiellement sur la consultation des archives de l'administration centrale, de celles de Henri Domerg, inspecteur général de l'Éducation nationale qui suivait les problèmes d'enseignement au cabinet de Georges Pompidou, Premier ministre, des archives orales du service d'histoire de l'éducation de l'ex-Institut national de recherche pédagogique (INRP), des rapports de la Cour des comptes et de l'Inspection générale de l'Administration de l'Éducation nationale et de la Recherche, des deux documents précités de Christian Forestier et des associations de dirigeants des IUT (association des directeurs d'IUT et Union nationale des Présidents d'IUT) et des thèses précitées. En outre, des entretiens ont été menés avec cinquante acteurs ou témoins de la vie des IUT pendant la période considérée.

Je remercie Patrick Fridenson et André Grelon, directeurs d'études à l'EHESS qui m'ont conforté dans l'idée de ce travail, Mme Josette Travert, professeur émérite de l'université de Caen, qui a bien voulu relire le projet, et tous ceux et toutes celles qui m'ont aidé dans la recherche de l'information orale et documentaire, ainsi que les personnes qui ont contribué à la mise en forme de ce document, Marina Benoist, Marion Benoist-Mouton et Jacqueline Guillon.

PREMIÈRE PARTIE

L'INVENTION DES IUT

L'ÉDUCATION NATIONALE ET LES FORMATIONS TECHNIQUES

Des lacunes dans la formation des techniciens

La décision de créer les IUT survient au terme d'une période d'incertitudes explicable par la diversité et l'imbrication des problèmes posés par l'accroissement prévisible des effectifs des enseignements supérieurs. Il faut se référer au climat qui régnait dans les milieux de l'enseignement et dans les milieux politiques au début des années 1960 pour discerner les préoccupations parfois contradictoires qui étaient exprimées sur l'avenir des enseignements supérieurs. Ceux-ci étaient, d'une certaine manière, sous la dépendance des décisions prises ou à prendre sur l'enseignement du second degré. Dans ce domaine, le travail était déjà plus avancé et la poussée de la démographie et la démocratisation du secondaire se répercutaient sur les enseignements supérieurs. Encore fallait-il prendre position sur la façon dont les flux renforcés issus des lycées seraient traités, sur l'avenir qui se dessinerait pour eux.

L'enseignement supérieur et l'enseignement du second degré menaient des existences juxtaposées et relativement indépendantes. L'un et l'autre constituaient deux mondes qui avaient certes des points de contact, ne serait-ce que par le baccalauréat, premier grade universitaire, mais pratiquement dans les mains exclusives du secondaire, de ses professeurs et des inspecteurs généraux, ou le rôle de formateur que jouait l'enseignement supérieur dans la préparation aux concours de recrutement des professeurs. Dans la pratique, ces mondes n'avaient pas de projets communs. L'organigramme du ministère favorisait le manque de contact entre ces deux domaines de l'enseignement en l'absence, jusqu'à la création en 1963, d'un organe de coordination avec le secrétariat général du Ministère. La direction de l'enseignement supérieur avait une place à part. Dans la hiérarchie de fait des directions, elle venait devant celle du second degré et celle du premier degré. La direction de l'enseignement technique était la moins valorisée. Le passé des enseignements supérieurs faisait peu de place à la formation de techniciens, qui sera l'objet des futurs IUT.

Sans prétendre réécrire l'histoire des formations techniques, il est nécessaire, pour situer l'apparition des IUT, de se référer aux grandes étapes des interventions de l'enseignement supérieur dans la formation du personnel d'encadrement[1]. Outre les écoles d'ingénieurs de l'État qui remontent à l'Ancien Régime, et ont pour objectif de gérer les mines, les routes, de satisfaire aux besoins des Armées, sont apparues au cours du XIXe siècle : l'école Centrale de Paris (1829), celle de Lyon (1857), l'École La Martinière à Lyon (1833), l'institut industriel du Nord (1872), et pour assurer des fonctions d'un niveau moins élevé, les écoles des Arts et métiers de Châlons-sur-Marne (1806), Angers (1814) et Aix-en-Provence (1843), et des écoles de mineurs : Alès (1843), Douai (1878).

La défaite de 1870 a créé en France un sentiment d'infériorité à l'égard de l'Allemagne, qui a suscité un mouvement en faveur de la formation, tant scolaire que professionnelle : la Troisième République s'est attachée à corriger les insuffisances de la France dans ces domaines, en complétant l'implantation des facultés des Sciences et des Lettres puis en créant des universités regroupant les facultés d'un même ressort académique (lois du 26 avril 1893 et du 10 juillet 1896). En même temps, à la demande des étudiants et des entreprises se sont développés des cours publics, des chaires créées par des fondations et des collectivités locales, des instituts annexes des facultés des Sciences communs à plusieurs facultés[2] qui ont constitué l'amorce d'un enseignement technique.

Cette évolution vers un enseignement technique supérieur, qui contredit le discours relativement fréquent sur l'absence d'intérêt de l'enseignement supérieur pour le domaine technique, a été mise en lumière par les travaux récents de Fox et Weisz[3]. En ce qui concerne la période postérieure à la Seconde Guerre mondiale, et pour reprendre l'expression utilisée par Yves-Claude Lequin[4], la France a un « enseignement technique

1 *Cf.* Grelon, André, « Les universités et la formation des ingénieurs en France (1870-1914) », *Formation-Emploi*, n° double 27-28, juillet-décembre 1989, p. 65-88.

2 Décret du 21 juillet 1897, *JORF* du 25 juillet 1897.

3 Fox, Robert, Weisz, George (ed), *The organization of Science and Technology in France*, 1808-1914, Cambridge, Cambridge University Press, 1980.

4 Lequin, Yves-Claude, « France : une pensée sans technique », in *Cahiers de récits* n° 9, 2013, UTBM.

intermittent ». C'est par touches successives que s'est constitué un réseau de formation technique. L'innovation première est celle des INSA (loi du 18 mars 1957), devant, selon ses concepteurs, former à la fois des ingénieurs et des techniciens, ambition qui fut démentie par les concurrences catégorielles et par les événements. Les IUT constituent le deuxième ilot d'enseignement technique supérieur, en 1966. Une troisième étape fut celle, très conflictuelle, des universités de technologie, dont l'idée est issue du second colloque de Caen de 1966. Les projets d'universités de technologie dont J.-P. Chevènement prévoyait dix créations, de même que les centres polytechniques universitaires ne se sont pas réalisés, non plus que les cinq universités que prévoyait Claude Allègre. En définitive, il n'en existe que trois. Ce n'est pas le lieu de déchiffrer les positions et les arrière-pensées qui se sont affrontées à ce sujet, parmi lesquelles ont toutefois une bonne place les problèmes de pouvoir : risque d'un passage d'une université à un ministère autre que celui de l'Éducation nationale, manœuvre de démembrement de ce ministère, affaiblissement de la position des écoles d'ingénieurs notamment.

La réticence de la France à s'engager dans des formations techniques est, semble-t-il, imputable à la structure de la société et, notamment, de ses élites. Le personnel politique est, en France, de culture littéraire et juridique. Y.-C. Lequin note principalement l'origine scolaire des préfets, le recrutement de l'ENA qui n'est que parcimonieusement préparée par les scientifiques ou techniciens ; les origines des recteurs, qui, à partir de 1960, avec le développement de l'enseignement technique secondaire, ont été assistés par un inspecteur principal de l'enseignement technique qui disposait de ses propres services, créant une tentation, pour le Recteur, de s'en remettre à lui. Toutefois, à partir de 1967, puis de 1981, une place plus importante a été donnée aux recteurs ayant des compétences techniques du fait de leur cursus. Les mêmes phénomènes sociologiques caractérisent les parlementaires chargés de contrôler l'exécutif. On peut ajouter sans trop de risque d'être contredit que les élites orientent les élèves vers des choix professionnels ne faisant pas appel à la technologie.

Du point de vue institutionnel, la satisfaction de la demande de compétence technique s'est traduite par la formation d'ingénieurs. Les différentes institutions créées auprès des universités ont évolué vers le statut d'écoles d'ingénieurs internes ou externes à l'université. Les formations de niveau inférieur, réserve étant faite des nombreuses initiatives privées des entreprises ou des collectivités locales, n'ont pas été développées et, mises à part les formations du Conservatoire national des Arts et Métiers, il n'y a que l'enseignement technique de niveau secondaire qui ait formé des techniciens par les écoles nationales professionnelles (ENP) créées sur la base de la loi du 11 décembre 1880 relative aux écoles manuelles d'apprentissage, qui conduisaient au diplôme d'élève breveté de niveau comparable à celui du baccalauréat mais n'ouvrant pas les mêmes portes. Les effectifs formés n'étaient pas très importants (4 257 diplômes en 1965[1]).

La demande de techniciens a pris au cours du temps des formes différentes. Depuis les années 1960, les instances représentatives des professions ont constamment insisté, dans leur demande, sur le niveau inférieur au titre d'ingénieur, thème qui a été régulièrement défendu par les Commissions du Plan. Des réponses ont été apportées par le système éducatif : le Brevet d'enseignement industriel (BEI), d'un niveau supérieur au CAP, mais plus généraliste, avait assuré l'encadrement des ouvriers pendant les « Trente Glorieuses » : en 1965, on a délivré 14 917 BEI, mais seulement 2 934 brevets de techniciens en 1971, qui s'étaient substitués aux diplômes d'élève breveté des ENP. La réponse du système éducatif aux demandes de techniciens était donc bien pauvre, si l'on excepte les BEI, qui ne correspondaient d'ailleurs pas exactement à la demande, mais n'assuraient qu'un encadrement à un niveau insuffisant de responsabilité.

La demande de techniciens était d'ailleurs présentée et accueillie de différentes façons par les milieux concernés. La demande d'experts techniques était soutenue par les représentants du Patronat d'une manière globale, incluant ingénieurs et techniciens, mais les organismes corporatifs d'ingénieurs avaient une attitude de défense contre un trop grand accroissement de leurs effectifs et déviaient la demande vers la création d'emploi de techniciens.

Dans certaines professions, en outre, comme celles du bâtiment, la création d'emplois et de formations de techniciens était accueillie avec la plus grande circonspection. Ce fut le cas d'abord de 1953 à 1959 à propos du BEI que les patrons du BTP soupçonnaient de pouvoir dévaloriser les

1 Meylan, Françoise, « De l'école nationale professionnelle au baccalauréat de technicien, ou l'évolution d'une filière de l'enseignement technique », *CEREQ, Formation Emploi* n° 4, oct.-déc. 1983, p. 24 à 63.

formations du certificat d'aptitude professionnelle et d'inciter la main d'œuvre à s'orienter vers des fonctions d'administration des chantiers. Mais les BEI ont néanmoins eu beaucoup de succès, en général, dans l'industrie, si l'on s'en réfère aux flux (près de 15 000 en 1965 dont 16 % dans le BTP, les querelles de l'origine ayant été oubliées).

Les initiatives successives du ministère ont abouti à la création d'un brevet de technicien (décret du 19 février 1952). Certains des brevets de technicien ont reçu l'appellation de brevets de techniciens supérieurs, à propos desquels les mêmes querelles ont ressurgi quant à leur aspect plus ou moins académique et plus ou moins technique, et à la concurrence du baccalauréat, préféré aux formations techniques. D'où l'idée portée par l'Inspection générale de l'enseignement technique et par des associations de techniciens de concilier baccalauréat et technologie et de créer ainsi un baccalauréat de technicien, ce qui fut fait par le décret du 10 juin 1965 ; transformé en 1968 en baccalauréat technologique, il a fourni 14 000 lauréats en 1969. Le flux des titulaires du baccalauréat de technicien supérieur formés était de 10 000 en 1969. Les milieux économiques se plaignaient donc de l'incapacité de l'enseignement technique à procurer les effectifs nécessaires, que les industries des métaux, par exemple, estimaient à 20 000 personnes par an. Il y avait donc une place pour une nouvelle filière de formation à inventer.

L'AFFLUX DES ÉTUDIANTS, UNE PRISE DE CONSCIENCE TARDIVE

Si l'enseignement supérieur des facultés a été menacé de « submersion » selon le vocabulaire de l'époque, c'est donc pour une part du fait de l'incapacité des structures non universitaires à absorber les flux nouveaux d'élèves. Dans les discussions menées dans les conseils interministériels revenait souvent le reproche fait à l'enseignement technique traditionnel de ne pas offrir les capacités d'accueil nécessaires aux élèves qui étaient allés, à défaut, vers les facultés. L'insuffisance des capacités d'accueil dans l'enseignement technique était mise en avant par J. Narbonne[1] dans les éléments qu'il fournissait au général de Gaulle pour expliquer l'encombrement des filières classiques.

Christine Musselin[2] mentionne ainsi que le secteur non universitaire a refusé de prendre en charge les nouvelles missions qui étaient attendues de l'enseignement post secondaire et les a laissées à l'université. Elle met en cause le malthusianisme des grandes écoles qui ont peu modifié le nombre de places offertes aux concours et n'ont recouru que tardivement aux recrutements parallèles. La diversification des formations, qui ne s'est pas faite hors de l'université a dû se réaliser dans l'université par la création des différentes maîtrises spécialisées dans les années 1970. Mais auparavant, l'accueil des étudiants supplémentaires a dû se réaliser à structures pédagogiques peu modifiées, par un gonflement des capacités d'accueil traditionnelles. La lecture de la *Revue de l'Enseignement Supérieur* permet de dresser un panorama des grands événements qui ont marqué l'activité des universités sur une quinzaine d'années ; un article du directeur Laurent Capdecomme[3] mentionne les réformes de l'enseignement de la médecine et la pharmacie, menées par Pierre

1 Narbonne, Jacques, *De Gaulle et l'éducation*, Paris, Denoël, 1964, p. 85.
2 Musselin, Christine, *La longue marche des universités françaises*, Paris PUF, 2001, p. 89.
3 *Revue de l'Enseignement Supérieur* 1964-1. Article du 20 septembre 1963.

Donzelot et Gaston Berger, l'introduction des sciences économiques, la création des instituts nationaux des sciences appliquées de Lyon en 1957 et de Toulouse en 1963, la création des propédeutiques scientifiques et littéraires, dues respectivement à Pierre Auger et Pierre Donzelot, et la création du corps des maîtres-assistants en 1962, rendue nécessaire par les besoins d'encadrement des effectifs accrus des étudiants. Leur accueil a créé en effet des problèmes d'encadrement : les effectifs sont passés de 123 000 en 1945 à 210 900 en 1960, 415 700 en 1965 et 637 600 en 1970[1]. Les augmentations sont de l'ordre de 40 000 à chaque rentrée de 1962 à 1964. L'inauguration à Dijon le 6 octobre 1962 des nouveaux bâtiments universitaires en présence de tous les Recteurs a témoigné de l'intérêt porté aux problèmes d'implantation des unités d'accueil.

Dans un document de 1965[2], Jacques Émile Dubois, ancien directeur-adjoint des enseignements supérieurs exposa que, tout en procédant à certains aménagements (création d'une propédeutique, nouvelle conception de la licence de sciences, création d'un troisième cycle conduisait à un doctorat de spécialité, création des emplois d'assistants et de maîtres assistants), l'administration avait dû procéder à des « gonflements » des capacités par la construction de locaux nouveaux ou annexes. Certaines universités nouvelles ont été ainsi créées : Nantes (1961), Nice Sophia Antipolis (1965), Rouen (1966). Des collèges universitaires accueillant les premières années des enseignements de licence ont été créés (Saint-Étienne, Orléans, Poitiers, Limoges, Reims, Tours). 1960-1970 fut aussi l'époque de la création des campus universitaires, les centres-villes s'annexant des surfaces extérieures pour l'accueil de leurs étudiants. La logique interne de l'organisation universitaire n'était néanmoins pas transformée. Les locaux demeuraient insuffisants. À Aix-en-Provence, les bâtiments inaugurés en 1950 étaient surpeuplés. À Toulouse, la nouvelle faculté de droit prévue pour 3 500 étudiants en compta bientôt le double, puis le triple. À Caen, l'université reconstruite après la guerre fut vite trop petite[3]. Jusqu'à la période qui intéresse

1 Prost, A., et Cytermann, J-R, « Une histoire en chiffres de l'enseignement supérieur en France », *op. cit.*

2 Jacques Emile Dubois, ancien directeur adjoint des enseignements supérieurs, conférence du 24 août 1965, prononcée devant l'Union nationale des associations des anciens élèves des écoles nationales de chimie.

3 Sicard, Germain, *Enseignement et politique en France de la Révolution à nos jours*, tome II, Paris, Godefroy de Bouillon, 2011.

la création des IUT, il y a donc eu dans une époque de surcharge de l'enseignement supérieur une demande latente de formation technique, plus ou moins vive selon les époques. Le thème sera repris régulièrement par les Commissions du Plan, notamment sous forme d'une demande portant sur les techniciens, demande qui était mentionnée parmi les considérations plus générales sur les universités dans les deux colloques de Caen de 1956 et 1966. Le renforcement des formations scientifiques qui y était demandé appelait des mesures concernant les formations relevant des universités.

L'action de Gaston Berger, directeur de l'Enseignement supérieur de 1953 à 1960, a certes conduit à une modernisation de l'enseignement supérieur, mais ne l'a pas armé pour affronter les problèmes de diversité en publics auxquels il allait être confronté.

Les gouvernements ne se sont réellement occupés des conséquences de la réforme de la scolarité obligatoire sur l'enseignement supérieur ques tardivement. Dans le second degré, la réforme de la scolarité obligatoire, en application de l'ordonnance du 6 janvier 1959, concernant les élèves nés après le 1er janvier 1953[1], avait donné lieu à la création de collèges d'enseignement secondaire en 1963, puis à la réforme du second cycle du second degré en 1965[2]. Antoine Prost a décrit le processus qui a conduit à la création des CES[3]. Après l'aboulie des gouvernements de la IVe République en matière de réforme de l'enseignement, on peut s'étonner de la lenteur de ceux de la Ve République à s'intéresser aux conséquences de ces décisions sur les effectifs prévisibles de l'enseignement supérieur. Pourtant, le IVe Plan (1962-1965)[4] avait bien signalé le problème lorsqu'il mentionnait : « l'expansion démographique...va atteindre les classes d'âge scolarisables dans l'enseignement supérieur à partir de 1964-1965 jusqu'en 1970. La croissance des effectifs va s'accélérer brutalement sous le double effet de la croissance continue des taux de scolarisation et de l'arrivée des classes fortes nées après 1946 ». Mais le problème ne semblait pas, jusqu'en 1964-1965, très sensible aux responsables de

1 Décret n° 63-793 du 3 août 1963, *JORF* du 4 août 1963.
2 Décret n° 65-438 du 10 juin 1965, *JORF* du 12 juin 1965.
3 Prost, A., *Éducation, société et politiques*, Paris, Seuil, 1997, 1re édition 1992.
4 *Rapport de la commission de l'Équipement Scolaire, Universitaire et Sportif*, Paris, La Documentation Française, 1961.

l'Éducation nationale. Jacques Narbonne[1] impute la cause du retard à l'absence, rue de Grenelle, d'un ministre disposé ou apte à mettre en œuvre les réformes décidées en 1959, puis au manque de familiarité de la part du Général de Gaulle avec les problèmes de l'enseignement, à laquelle il soutient avoir contribué à remédier ; il invoque ensuite la prégnance des affaires algériennes, de la réforme constitutionnelle de 1962, le remplacement au poste de Premier ministre, le 14 avril 1962, de Michel Debré par Georges Pompidou qui s'est révélé avoir sur les affaires de l'enseignement des vues très personnelles. En ce qui concerne l'enseignement supérieur, le premier conseil restreint qui lui fut consacré eut lieu seulement le 6 juin 1963 et les discussions de principe durèrent jusqu'en mai 1965. Une des causes principales de la lenteur des prises de décision résidait dans l'imbrication de plusieurs thèmes lourdement chargés de contenus sociologiques, idéologiques et politiques : les principaux étaient celui de la sélection tout au long des cursus et de son corollaire, l'orientation.

Le rapport sur les principales options du Ve plan (1966-1970)[2] mentionne à nouveau, en 1964, la nécessité de faire face à la croissance spontanée de la scolarité et à l'arrivée de la vague démographique dans l'enseignement supérieur mais les conséquences des accroissements prévus dans le second degré ne pouvaient, selon les services du Plan, être évaluées dans l'enseignement supérieur en l'absence d'informations sur les réformes à l'étude dans le supérieur. Ainsi, l'indétermination des objectifs pédagogiques empêchait de faire des prévisions valables sur les effectifs du supérieur mais laissait planer l'impression d'une menace mal cernée. L'organisation du ministère n'était sans doute pas étrangère au retard de prise en charge des problèmes de l'enseignement supérieur. Le second degré dépendait directement de la direction générale de l'organisation des programmes scolaires, créée en 1960 pour coordonner trois directions d'enseignements (élémentaires et complémentaires, classiques et modernes, techniques) ; elle était tenue, après Lucien Paye, par Jean Capelle. L'enseignement supérieur échappait à cette coordination. Ce cloisonnement administratif était évidemment préjudiciable à toute vue d'ensemble (*cf.* l'organigramme ci-dessous).

1 Narbonne, Jacques, *De Gaulle et l'éducation*, *op. cit.*, p. 29 à 242.
2 Imprimerie de l'Assemblée Nationale, Paris, 1964, p. 122.

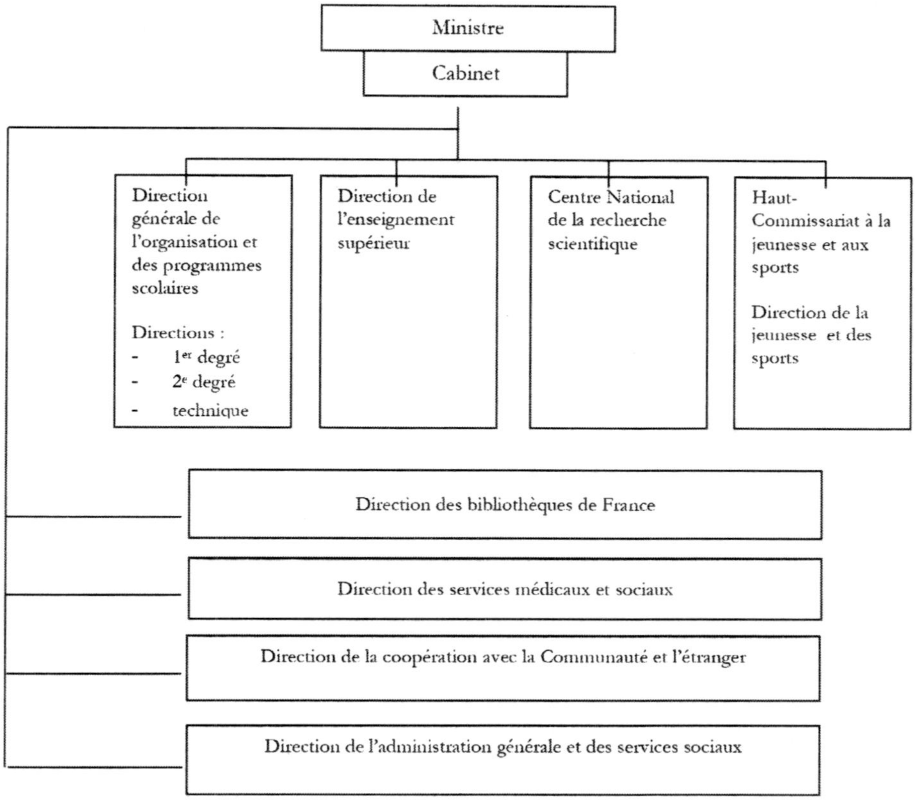

FIG. 1 – Organigramme du Ministère en 1960.
Source : *Les Politiques de l'éducation en France : de la maternelle au baccalauréat* : textes rassemblés et présentés par Martine Allaire et Marie-Thérèse Frank, Paris, la Documentation françaises, 1995.

La direction générale de l'enseignement supérieur fut confiée en 1962 à Laurent Capdecomme, qui succédait à Gaston Berger, en fonction de 1953 à 1960. Elle comportait trois sous-directions (personnel, questions financières, organisation des études). Robert Davril a succédé à Laurent Capdecomme en 1962.

C'est avec la nomination de Pierre Aigrain par décret du 20 avril 1965 à la direction des enseignements supérieurs que l'enseignement supérieur a ouvert les dossiers de la réforme, s'intégrant dans une politique d'ensemble.

Selon A. Prost, il y a bien en effet une politique gaullienne de l'éducation[1] dont l'inspiration essentielle était un recrutement démocratique des élites, ce qui impliquait à la fois démocratisation de l'accès à l'enseignement supérieur et sélection des candidats. Pierre Laurent[2], qui a été secrétaire général du ministère de l'Éducation nationale de 1963 à 1968, a discerné trois lignes de force dans la pensée du Général en matière d'éducation :

- l'éducation est la base de l'unité de la Nation et du progrès de la démocratie, d'où la prolongation de la scolarité obligatoire jusqu'à 16 ans ;
- elle doit permettre de faire face à la compétition internationale ;
- elle doit adopter et transmettre une vision élargie et rénovée de la culture qui doit inclure les activités économiques, les services et les techniques.

Une marque de l'intérêt attaché à l'enseignement par les gouvernements de la Ve République est constituée par la progression des dépenses d'éducation dans le budget de l'État. Si, de 1959 à 1975, le budget de l'État s'est accru, en indices, de 100 à 538, celui de l'Éducation nationale est passé de 100 à 841. L'écart de progression entre les deux indices, de 1,89, est resté fort : il était encore de 1,56 en 1975[3]. En francs constants, la progression est de 200 à 603, soit un triplement[4].

Les IUT constitueront un élément de cet effort sur l'enseignement, et notamment sur l'enseignement supérieur. Les décisions se joueront dans un cercle relativement restreint. Il n'y a pas eu, en effet, dans la phase d'élaboration des projets, de large consultation politique sur

1 Prost, A, *Éducation, société et politiques*, Paris, Seuil, 1992.

2 *Conférence du 28 avril 2003 à l'École militaire dans le cadre du cycle organisé par la Fondation Général de Gaulle*, archives privées.

3 Base de calcul : *Annuaire rétrospectif de la France, 1948-1988*, p. 616.

4 Institut Charles de Gaulle « *De Gaulle en son siècle, 3, Moderniser la France – Note sur l'évolution de l'effort financier public en faveur de l'éducation sous la présidence du Général de Gaulle, par Jean-Claude Eicher.*

le sujet, l'opinion publique n'a pas été sollicitée par des discussions ouvertes dans la presse écrite et il y a eu peu de communications sur le sujet à la radio ou à la télévision. L'affaire a été essentiellement traitée entre trois pôles : le ministère de l'Éducation nationale, le Premier ministre et la Présidence de la République. Évidemment, les problèmes de l'enseignement supérieur étaient connus et discutés dans les milieux universitaires, mais ils n'avaient pas donné lieu à des projets précis. L'administration a réuni deux commissions : la « commission des dix-huit », pour l'aspect général du problème, et la commission dite « des IFTS », pour « instituts de formation technique supérieure » (dénomination d'origine des IUT). Mais leurs effectifs étaient restreints, de l'ordre de la vingtaine de personnes dans chacune d'entre elles.

LES ACTEURS, LES PARTENAIRES, LES RÉFLEXIONS

L'opération a été menée pour l'essentiel entre un nombre limité de personnes, que nous tenterons de présenter d'après les propos qui sont rapportés dans les documents, et d'après les témoignages.

Le Général de Gaulle, Président de la République, s'est peu exprimé sur l'enseignement en général et sur l'enseignement supérieur. Le Général était certes convaincu de la nécessité d'avoir un enseignement supérieur de haut niveau capable de produire des activités de recherche indispensables à la réussite d'une politique économique efficace, mais il connaissait mal le milieu de l'enseignement et s'y sentait mal à l'aise. Au cours des journées d'études organisées par l'institut Charles de Gaulle du 19 au 24 novembre 1990, des historiens et des témoins ont apporté des informations sur l'attitude de de Gaulle en matière d'enseignement. Françoise Mayeur y soutient qu'il surestimait les universitaires. Il était partisan d'« une formation massive et populaire fondée sur l'expérience de toujours, mais tournée vers l'horizon nouveau[1] ».

À l'Élysée, les problèmes de l'enseignement se sont trouvés pris en charge par Jacques Narbonne. Cet agrégé de l'université recruté comme chargé de mission pour s'occuper des affaires de représentation a obtenu de pouvoir intervenir dans les problèmes d'enseignement, qui le passionnaient, par insistance auprès du Président de la République. C'est ce qu'il explique dans l'introduction de son ouvrage « *De Gaulle et l'éducation*[2] ». En principe, c'était Étienne Burin des Roziers, secrétaire général de la Présidence de la République, qui transmettait au Président de la République les notes que Jacques Narbonne rédigeait à son intention.

1 Mémoires II p. 170, 171.

2 Narbonne, Jacques, *De Gaulle et l'éducation*, *op. cit.*, 1994.

Jacques Narbonne soutient[1] avoir le premier sensibilisé le Général de Gaulle au problème de l'éducation nationale par une note du 16 avril 1961 que le nouveau directeur de cabinet, Georges Galichon, lui conseilla de présenter lui-même au Général de Gaulle. La note, réécrite le 26 octobre, serait à l'origine de la prise en mains, par l'Élysée, des affaires de l'enseignement. Le Général a invité son auteur à venir lui en parler, ce qui donna lieu à une conversation le 2 décembre 1961. Le thème essentiel était celui de la surcharge du second degré et du supérieur par suite d'une mauvaise orientation qui avait sa source dans la désaffection à l'égard de l'enseignement technique. Mal vu dans l'opinion, soupçonné de produire des salariés dociles au patronat, critiqué pour son coût supérieur à celui du second degré classique, l'enseignement technique était le mal-aimé du système éducatif et de ce fait les aspirations de la population se portaient sur l'enseignement du second degré et sur le supérieur.

Par ailleurs, selon J. Narbonne, une certaine conception de la démocratie se traduisait par un refus de toute sélection qui conduisait à un renchérissement des dépenses publiques, et qui était en outre profitable aux enseignants. Seule l'idée de la sélection attira l'attention du Général de Gaulle, mais Georges Pompidou, Premier ministre de 1962 à 1968, se montra très réticent à cette idée. Jacques Narbonne jugeait le nouveau Premier ministre très attaché aux formules traditionnelles de l'enseignement et sceptique, voire méprisant, devant les modifications qu'on lui proposait. Il lui prête la phrase : « Ce n'est pas moi qui encasernerai la jeunesse étudiante française ». L'action de J. Narbonne fut dominée pendant sa période d'activité à la Présidence de la République par le souci de faire accepter l'idée de sélection, soutenue par le recteur Capelle, mais pratiquement abandonnée par tous les autres protagonistes soucieux de « ne pas froisser l'opinion, ou de satisfaire à l'idée que la démocratie et l'esprit de société libérale consistent à donner aux citoyens ce qu'ils demandent[2]. »

À l'Hôtel Matignon, où Georges Pompidou est demeuré Premier ministre du 14 avril 1962 au 20 juillet 1968, date à laquelle il fut remplacé par Maurice Couve de Murville, les problèmes d'enseignement étaient suivis par Henri Domerg, agrégé de l'université, beau-frère de G. Pompidou. L'activité de H. Domerg est connue par ses archives écrites[3] et ses archives

1 *Ibid.*, p. 66 à 89.

2 Notes sur le conseil restreint du 4 avril 1963.

3 AN, 574 AP 3 à 6.

orales[1]. H. Domerg recevait copie de toutes les notes importantes préparées au ministère de l'Éducation nationale, notamment par Pierre Laurent, le secrétaire général, et par Jean Capelle, directeur général. Le Premier ministre était, aux dires de H. Domerg, très réservé sur l'orientation et la sélection préconisée par J. Narbonne, dont il qualifiait la vision d'hypertechnocratique[2]. Selon J. Narbonne, G. Pompidou aimait se prévaloir de sa compétence en matière de politique scolaire[3]. H Domerg manifeste quelque scepticisme sur l'intérêt que le Général de Gaulle portait aux notes préparées par J. Narbonne. Elles revenaient souvent sans aucune annotation.

Au ministère de l'Éducation nationale, l'instauration de la Cinquième République s'était traduite par une instabilité des ministres et par une réorganisation des services. D'octobre 1959 à novembre 1962, huit ministres s'étaient succédé, ce qui prouve les incertitudes qui régnaient sur les manières d'aborder les problèmes d'éducation et de définir une politique. Certes, Jean Berthoin avait à son actif la réforme de 1959 portant prolongation de la scolarité obligatoire et Louis Joxe avait mis en place la nouvelle structure des directions nécessaires à un accueil rationnel des bénéficiaires de la prolongation. Sous le ministre Pierre Sudreau (14 avril-12 septembre 1962) fut bâti le schéma des cycles d'observation et d'orientation dans le cadre de la carte scolaire. C'est cette réforme, entrée en vigueur sous le ministre Fouchet en 1963 qui a été l'essentiel du nouveau paysage de l'enseignement en France.

L'arrivée de Christian Fouchet à la tête du ministère le 18 novembre 1962 a marqué le début d'une période de stabilité dans la conduite du ministère qu'il a dirigé jusqu'au 6 avril 1967. Son arrivée à ce poste a été interprétée de diverses manières. Certains, dont J. Narbonne, y ont vu la récompense donnée à un fidèle du général de Gaulle qui a assuré les fonctions de haut-commissaire de la République française à Alger de mars à juillet 1962 après avoir occupé une série de postes diplomatiques de 1958 à 1962 et même de ministre des affaires marocaines et tunisiennes dans un gouvernement Mendès-France de 1954 à 1956. En tout cas, sa compétence en matière d'éducation n'était pas prouvée. Il semble même être entré dans ses fonctions avec une certaine réserve, comme pourraient le prouver les délais qu'il a apportés à accorder un

1 Service d'histoire de l'éducation de l'ex-INRP.
2 2e entretien d'histoire orale au SHE de H. Domerg du 17 décembre 1996.
3 Jacques Narbonne, *op. cit.*, p. 77.

rendez-vous à Jean Capelle, directeur général de l'organisation des programmes scolaires, que ce dernier a attendu pendant plus de deux mois[1].

Sans connaître particulièrement l'Éducation nationale, C. Fouchet était « par nature » hostile aux procédures coercitives, à l'orientation obligatoire, à la sélection. Il a exercé un rôle de freinage des emballements de J. Narbonne. Sur ce point il était proche de G. Pompidou, qui ne souhaitait pas bouleverser l'ordre établi du système universitaire. À l'arrivée de C. Fouchet (1962) et de P. Laurent (1963) secrétaire général, il n'existait pas d'instance de coordination interne au ministère. Le directeur de l'administration générale, Louis Cros, s'essayait à ce rôle sans en avoir encore les moyens nécessaires. Mais son ouvrage sur « *l'explosion scolaire*[2] » était dans tous les esprits et avait nécessairement des répercussions sur l'enseignement supérieur. Il avait commencé à mettre en place avec l'administrateur civil Jean Ferrez des structures statistiques. Il préparait des réformes statutaires de nature à renforcer les moyens de l'administration et prévoyait une déconcentration qui devait permettre de faire face à cette « explosion ».

Christian Fouchet avait donc fait confiance à Louis Cros de novembre 1962 à avril 1963. Louis Cros était en quelque sorte l'antithèse de P. Laurent ; professeur de sciences physiques devenu rédacteur au ministère de l'Éducation nationale, il avait été directeur de cabinet de Jean Zay, ministre de l'Éducation nationale en 1938 et collaborateur de Gustave Monod, directeur de l'enseignement secondaire en 1944. Il était le fondateur de l'Institut pédagogique national (1949), et avait exercé les fonctions de directeur du cabinet du ministre René Billères de 1956 à 1958. Directeur de l'administration générale depuis 1959, et donc à l'époque de la création de la DGOPS, il a commencé l'œuvre de reconstruction de l'organisation du ministère en vue de la réforme de ce qui est devenu le 1er cycle du second degré. Sa démission, en 1964, fut consécutive à l'arrivée de Pierre Laurent : un secrétariat général rendait inutile une direction générale. La collaboration de Louis Cros, ancien membre du cabinet de René Billères, fut reprochée à C. Fouchet, de même que celle du préfet Jean Dours, qu'il prit comme directeur de cabinet après qu'il eût été celui de René Billères.

Le gouvernement ne pensait pas pouvoir compter sur la direction de l'enseignement supérieur de l'époque pour gérer le problème de l'afflux des étudiants. Laurent Capdecomme, le directeur, n'avait pas bonne

---

1 Prost, A., « J. Capelle, père fondateur des collèges », *Le Monde de l'éducation*, 2006.

2 Cros, L., « *L'Explosion scolaire* », CUIP, Paris, 1961.

réputation parmi les personnes participant aux conseils restreints sur les universités. Il était hostile à toute sélection, contrairement aux idées du Général de Gaulle et de J. Narbonne, à tout changement de statut des universités sur lesquelles il exerçait une sévère centralisation, à la pluridisciplinarité, et il s'opposait à une idée qui avait cours à l'époque de scinder les fonctions de Recteur entre des attributions universitaires et les fonctions afférentes au second degré qui seraient confiées à des fonctionnaires différents. Le Général de Gaulle aurait dit le 5 juin 1963 à J. Narbonne : « *M. Capdecomme devra se démettre. Il n'a rien fait de notable*[1] ».

Jean Capelle, directeur général de l'organisation et des programmes scolaires, bien que non-directement concerné par l'enseignement supérieur, avait un poids certain dans la conduite des réflexions sur l'ensemble du système éducatif. Son cursus et ses compétences l'y autorisaient. Ancien élève de l'École normale supérieure, agrégé de mathématiques, il avait une vocation pour la technologie et était devenu un spécialiste des engrenages. Exerçant successivement au CNRS, à la faculté des sciences de Nancy (1942) et à l'institut d'électrotechnique de Nancy (1944), ancien directeur général de l'instruction publique de l'Afrique occidentale française (AOF), il avait exercé les fonctions de Recteur à Nancy puis à Dakar. En 1957, il fut nommé directeur de l'Institut national des sciences appliquées de Lyon, à la création duquel il avait largement participé, puis directeur général de l'organisation des programmes scolaires (DGOPS) de 1962 à 1964. C'est lui qui a présidé à la mise en place des collèges d'enseignement secondaire parallèlement aux collèges d'enseignement général (décret du 3 août 1963). Si Jean Capelle connaissait bien l'enseignement supérieur et défendait les enseignements techniques supérieurs, comme directeur général de l'organisation de l'enseignement scolaire, il avait dans sa compétence l'enseignement technique secondaire issu de la loi Astier. Il en connaissait les faiblesses, mais avait l'ambition d'y remédier. Dans un ouvrage publié en 1974, il livrait le fond de sa pensée sur l'enseignement technique[2]. Contrairement à certaines idées qui avaient cours à l'époque, il critiquait l'idée de ramener l'enseignement technique à un enseignement technologique : il n'y avait pas lieu de donner à la technologie le pas sur la pratique ; il défendait le certificat d'aptitude professionnelle très spécialisé contre le brevet d'enseignement professionnel à vocation

1 Narbonne, J., *op. cit.* p. 120.

2 Capelle, Jean, *Éducation et politique*, Paris, PUF, 1974.

plus large mis en place sous Pierre Laurent. Jean Capelle avait une position relativement conservatrice sur le supérieur : il était partisan de la sélection ; sur le supérieur technique, il ne le concevait pas comme inclus dans l'enseignement supérieur en général. Il faisait l'éloge du système américain composé de strates hiérarchisées.

Le personnage principal dans la création des IUT aura été Pierre Laurent (1919-2008). On ne sait pas exactement comment s'est fait le choix de P. Laurent.

J. Narbonne avance qu'on l'aurait choisi pour ne pas écarter C. Fouchet qui ne se plaisait pas dans ses fonctions. Conseiller d'État, il avait notamment exercé dans le Territoire de la Sarre (1948) auprès de Gilbert Grandval, Haut-commissaire, puis comme directeur de cabinet du Résident Général de France au Maroc (1955). Pierre Laurent était directeur général du travail et de la main-d'œuvre depuis février 1957 lorsqu'il fut appelé par Christian Fouchet, pour prendre les fonctions de secrétaire général du ministère en octobre 1963. Dans ses fonctions au ministère du Travail, il avait acquis une connaissance des affaires de formation, notamment à travers les problèmes de conversion, par exemple des chantiers navals de Saint-Nazaire, et des mines de charbon. À cette occasion, il avait mesuré le déficit de formation de base qui compromettait les tentatives de conversion du personnel[1]. Il avait aussi été amené à restructurer un ministère : sa première tâche avait en effet consisté à intégrer dans une même structure deux directions voisines qui ne coopéraient pas : celle du Travail, axée sur les problèmes juridiques, et celle de la Main-d'œuvre, en charge de la gestion des effectifs. Il avait eu à instaurer des procédures de coordination, des cellules d'études. C'est ainsi qu'il avait appelé dans ses services un inspecteur du Travail de Nancy, Gabriel Ducray qui mit sur pied un service d'études, et qu'il fit nommer ensuite à l'Éducation nationale. Pierre Laurent soutient avoir exigé et obtenu que fût retenue et respectée son autonomie administrative à l'égard du pouvoir politique, comme il l'avait fait précédemment au ministère du Travail.

Conscient de l'importance qu'allaient prendre les questions de formation dans la compétition économique[2], il s'était donné pour rôle d'instituer, dans ses nouvelles fonctions, une autorité de coordination et

1 Interview de Pierre Laurent par Pierre Maclouf, sociologue, le 10 mai 1999, in *Hommage à Pierre Laurent*, Conseil d'État, Paris, 2009.

2 Entretien de Daniel Blondet avec Pierre Laurent le 14 décembre 2001, Mimosa.cereq.fr.

d'impulsion s'exerçant sur l'ensemble du ministère. Évitant de créer une nouvelle structure lourde dans le ministère déjà chargé en directions, il s'est évertué à organiser autour de lui quelques équipes peu nombreuses mais exerçant une action effective de prévision et de coordination. De la direction de l'administration générale, il a détaché le service du Budget qu'il a confié à Alain Blanchard, sous-directeur ; le service du plan a été créé et confié à l'inspecteur général Binon ; ayant apprécié la compétence de Gabriel Ducray, inspecteur du travail, il l'a fait nommer chef du service central des statistiques et de la conjoncture au secrétariat général. Prévoir, planifier, financer, sont les trois fonctions principales du secrétariat général qui ne comptera jamais d'effectifs très importants. S'ajoutent quelques conseillers dont un conseiller juridique.

Le document mentionné ci-dessous montre la modestie des moyens du Secrétariat général, mais aussi l'importance des compétences exercées. Les deux idées principales qui sous-tendent l'action de Pierre Laurent concernent l'une la conception de l'autorité administrative, l'autre la structuration des formations.

Secrétaire général : Pierre Laurent

Secrétariat particulier
Chargés de mission

Service du budget et des affaires financières
Chef du service
Adjoint au chef du service
Bureau du budget
Bureau des affaires statutaires et indemnitaires

Conseiller juridique du Ministère de l'Éducation nationale

Service du Plan scolaire et universitaire

Service central des statistiques et de la conjoncture

FIG. 2 – Organigramme du secrétariat général.
Source : *Analyse de l'annuaire de l'Éducation Nationale*, 1965.

Deux orientations ont inspiré l'action de Pierre laurent au ministère de l'Éducation nationale :

La première est la distinction du niveau politique et du niveau administratif. Cette notion est capitale : elle donne aux corps de l'administration un domaine propre de compétence, fondé sur la connaissance des faits et du droit, avec pour mission d'étudier, de proposer et de réaliser. Le niveau politique donne les orientations de base et choisit entre les solutions proposées. Cette notion essentielle s'est peu à peu diluée à mesure que le personnel politique, à partir de 1974, puis de 1981, a progressivement entendu entrer dans le détail des opérations administratives, en faisant courir le risque de ne laisser à l'administration qu'un rôle de secrétariat et de mise en forme. La compétence administrative devait s'étendre à tous les domaines, y compris celui de la pédagogie. Cette conception de l'emploi de secrétaire général se différenciait de celle de son homologue de la Défense nationale, Bernard Tricot, qui portait le titre de « secrétaire général pour l'administration », ce qui excluait le domaine militaire à proprement parler, qui était l'apanage des états-majors. À l'Éducation nationale, le lien entre le domaine pédagogique et celui de l'allocation des moyens est, selon lui, trop étroit pour que l'on puisse distinguer les fonctions.

Pierre Laurent s'est exprimé sur ce point dans une déclaration qu'on peut partiellement estimer « pro domo[1] » : il évoquait la nécessité d'assurer l'unité du ministère face au risque d'autonomie des directions, risque qu'il estimait avoir écarté notamment par les réunions hebdomadaires des directeurs ; il mentionnait aussi le problème des rapports entre le secrétaire général et le ministre qui ne peut être évité que par la « confiance entière » entre les deux personnages, condition qu'il estimait avoir été remplie. À ce propos, il signalait la nécessité pour le haut fonctionnaire de s'en tenir strictement à sa mission de responsable administratif, sans se laisser entraîner sur un autre terrain. Il ajoute que les risques seraient peut-être moindres si une plus grande étanchéité était établie, par l'usage, voire par des dispositions statutaires, entre les carrières politiques et les carrières administratives[2].

---

1 « Cinq ans rue de Grenelle : 1963-1968 ». Témoignage de M. P. Laurent. Conférence donnée le 28 avril 2003 à l'École Militaire, dans le cadre du cycle organisé par la Fondation Charles de Gaulle.

2 *Ibid.*

L'autre idée directrice tenait à la conception des formations : mise en perspective de la formation initiale et de la formation continue dans le cadre d'une harmonisation des niveaux de qualification. Par ses contacts avec Michel Debré, il a obtenu gain de cause : c'était l'idée qui présidait à la loi du 3 décembre 1966 qui instituait un dispositif général dont le secrétaire général de l'Éducation nationale occupait le centre grâce à la délégation qu'il recevait de la loi pour assurer le pilotage de la formation continue[1]. Il y avait donc convergence de vues entre Pierre Laurent et Michel Debré qui était à l'origine de la loi du 3 décembre 1966. Cette dernière était une reprise et une extension de la loi du 31 juillet 1959 qui avait institué la « promotion sociale », œuvre de Michel Debré. Cette loi avait pour objet de généraliser l'accès aux formations et aux diplômes des personnes exerçant une profession dans la perspective d'un renforcement de la cohésion nationale ; pour cela, elle créait un dispositif interministériel regroupant et coordonnant les initiatives des différents ministères. Par là-même, elle avait bousculé les compétences, presqu'exclusives jusqu'alors, du ministère de l'Éducation nationale en ce domaine. M. Debré critiquait l'efficacité, à ses yeux, insuffisante, de ce ministère ; cette critique rejoignait celle de Pierre Laurent à son arrivée au ministère. Il y avait donc une unité de point de vue et de propositions pour « faire évoluer » le système de formation. Michel Debré s'était, tout au long de sa vie, intéressé à la formation professionnelle, par une proposition de loi sur l'apprentissage en 1949, par le projet de créer des facultés ouvrières de culture et de technique en 1951-1952 : des centres (de 5 à 20) auraient fourni des techniciens qui auraient pu continuer leur cursus dans des facultés ouvrières pour devenir ingénieurs. En 1966, avec la loi d'orientation et de programme sur la formation professionnelle du 3 décembre 1966, il s'agissait d'aller beaucoup plus loin dans le développement de la formation professionnelle devant le manque de personnel technique, de dynamiser le système mis en place en 1959 qui faisait l'objet de critiques, surtout depuis que M. Debré, qui était à son origine, n'était plus Premier ministre (14 avril 1962).

Pierre Laurent a facilité la tâche de Michel Debré dans la mise au point de la nouvelle organisation. M. Debré était en effet à la limite de ses attributions de ministre de l'économie et des finances du troisième

1 Loi n° 66-892 du 3 décembre 1966 d'orientation et de programme sur la formation professionnelle, *JORF* du 4 décembre 1966.

gouvernement Pompidou et c'est par la compréhension de ce dernier qu'il a eu les mains libres pour agir dans le domaine de la formation. Son directeur de cabinet, André Dupont-Fauville, lui avait même déconseillé de reprendre du service comme simple ministre. Il avait obtenu néanmoins une sorte de tutelle sur les ministères économiques et sociaux. Il est vrai toutefois que l'époque exigeait un tel effort. C'était l'époque de l'industrialisation, du renouveau des entreprises, du lancement du marché commun. Des contacts ont eu lieu entre M. Debré et P. Laurent pour la mise au point du projet de loi dès le 26 février 1966 : le projet de loi de M. Debré était très ambitieux et concernait, initialement, non seulement la formation des adultes, mais aussi toute la formation professionnelle[1]. Il y avait entier consensus sur l'objectif, mais P. Laurent veillait à assurer un rôle de moteur au ministère de l'Éducation nationale. Il tenait en particulier à sauvegarder la place de l'enseignement technique. Pour l'élaboration de la loi, à laquelle Pierre Laurent collaborait avec Mme Duléry, membre du cabinet de M. Debré[2], il a été convenu que P. Laurent exercerait la présidence du groupe de hauts fonctionnaires qui coifferait le dispositif de formation continue dans le cadre du comité interministériel présidé par le Premier ministre, dont le ministre de l'éducation nationale serait le vice-président, par délégation du Premier ministre. Toutefois, des précautions avaient été prises pour que P. Laurent n'ait pas les pleins pouvoirs dans cette affaire, comme on le redoutait dans l'entourage du Premier ministre.

L'entente entre M. Debré et P. Laurent était donc évidente, d'autant que le financement des IUT a été inscrit dans la loi d'orientation et de programme sur la formation professionnelle. Cette loi incluait une programmation de 2 milliards de francs d'investissements publics pour 1967, 1968 et 1969, destinés notamment à la création de collèges d'enseignement technique (55 000 places), d'IUT (60 000 places) et d'installations concernant l'enseignement agricole et l'AFPA. Sur les 2 milliards de francs prévus, 1,3 milliard revenaient aux IUT et collèges d'enseignement technique. Le regroupement de ces financements dans un document commun manifeste bien que l'opération IUT faisait partie d'un ensemble impliquant tout le système de formation.

1 FNSP, Archives Debré, carton DE.

2 *Cf.* Benoist, Pierre, « Michel Debré et la formation professionnelle, 1959-1971, in *Histoire de l'Éducation*, n° 101, janvier 2004, p. 35 à 66.

Pierre Laurent trouvait dans le nouveau système mis en place un rôle capital. Il s'en est expliqué dans un discours tenu le 8 octobre 1967 à Nancy[1] où il mentionnait la réorganisation de la formation initiale technique et professionnelle, le rôle des IUT, la nécessité de l'information et de l'orientation, les aspects positifs de la conjugaison de la réforme de la formation initiale et de l'organisation de l'éducation permanente qui devrait avoir pour effet de faire reculer « l'encyclopédisme étouffant des programmes scolaires et universitaires », la nécessité d'une pédagogie des adultes et d'une validation des acquis. On constate donc qu'il avait une vaste ambition et qu'il se voyait bien à la tête de cet ensemble qui incluait les apports de la loi préparée par Michel Debré.

Dans cette perspective, formation initiale et formation continue devaient, l'une et l'autre, être modernisées et conçues dans le cadre de quelques niveaux cohérents, à l'intérieur desquels les intéressés pourraient se réorienter selon l'évolution des modes de production sans être emprisonnés dans une qualification étroite ; le système de formation s'était enfermé dans une multitude de certifications, notamment celles données par les certificats d'aptitude professionnelle (CAP), sous la pression des lobbies professionnels, regroupant patronat et syndicats de salariés.

Les certificats d'aptitude professionnelle sont les meilleurs témoins de la manière dont le système scolaire s'articule avec les professions. Créés par la loi du 25 septembre 1919 (art. 47 et 48), développés d'abord par départements, ils ont fait l'objet d'une rationalisation progressive de leur organisation sous l'influence de la direction de l'enseignement technique qui a conduit, à partir de 1946, à des CAP nationaux. Représentant un point d'accord entre le patronat, les salariés et les services de l'Éducation nationale, ils étaient et sont encore en partie la « carte de visite » des professions, d'où le soin avec lequel on en discute dans les Commissions nationales consultatives auxquelles le projet est soumis. Leur nombre n'a cessé de s'accroître au fil des années. En 1955, on en recensait 197, 237 en 1960, 277 en 1965, 299 en 1970[2]. Leur élaboration met en jeu les nécessités de l'économie mais aussi les frontières entre métiers, l'opportunité sociale d'offrir des démarches professionnelles à tous les jeunes. D'où la difficulté d'en limiter le nombre. Le projet de P. Laurent

---

1 Fête annuelle du travail organisée par la société industrielle de l'Est, *Le Moniteur*, 14 octobre 1967.

2 *CEREQ*, Reflets.

était de les remplacer, dans les collèges d'enseignement technique, par des brevets d'études professionnelles moins nombreux et au profil plus large, permettant une meilleure mobilité professionnelle. Ces nouveaux diplômes seront délivrés à partir de 1969, mais les CAP qui devaient être réservés à l'apprentissage, ont survécu à cette opération, et la dualité des diplômes de niveau V de qualification, dans les collèges d'enseignement technique, a été une des imperfections tenaces de l'enseignement technique. Ce morcellement des qualifications était l'exemple même de ce que Pierre Laurent voulait éviter.

Dans ses fonctions de directeur général du travail et de la main-d'œuvre, Pierre Laurent avait établi des relations avec les organisations patronales et syndicales des salariés, dont les attitudes, pour ces dernières, étaient parfois différentes de celles des organisations des enseignants des mêmes confédérations. L'image de l'éducation nationale « vue de l'extérieur », qu'il avait retenue était particulièrement critique à certains égards. Il regrettait notamment le faible niveau de formation générale constaté chez les salariés touchés par les opérations de conversion, l'absence de retour en formation du personnel en poste. Il avait ainsi constaté l'impossibilité d'assurer, en 1957, la conversion du personnel des constructions navales, par la suite de leur trop faible niveau de formation. L'éducation nationale, qui disposait pourtant d'un énorme potentiel de formation, était mal perçue ; elle faisait peur par son caractère monolithique, sorte de forteresse à tendance dominatrice. Il avait noté le mépris dans lequel les autorités et le personnel de l'éducation nationale tenaient l'association française pour la formation professionnelle des adultes (AFPA), placée sous la tutelle de ministère du Travail, malgré les services qu'elle rendait à certains jeunes, rétifs au système scolaire, au motif que les actions ne comportaient pas de formation générale systématique.

Selon Pierre Laurent[1], les milieux de l'éducation nationale avaient des visées impérialistes sur les formations de l'AFPA et les auraient bien remplacées par le certificat d'aptitude professionnelle. Les autres ministères partageaient l'appréhension du ministère du Travail et se refusaient à une prééminence du ministère de l'Éducation nationale dans une organisation interministérielle de la formation professionnelle.

1 Entretien de l'auteur avec P. Laurent le 14 novembre 2001.

C'est cette image qu'il avait dû combattre lorsqu'il a convaincu Michel Debré lors de la préparation de la loi du 3 décembre 1966, en engageant une évolution du ministère de l'éducation nationale qui conduirait à abandonner des formations désuètes, notamment dans le domaine de celles destinées aux jeunes filles.

Il avait aussi des idées bien arrêtées sur les projets parfois présentés de créer des universités technologiques. De tels projets avaient été avancés à plusieurs reprises au début du XXe siècle mais sans jamais aboutir avant la création de l'université technologique de Compiègne en 1972. Le projet de Michel Debré mentionné plus haut de facultés ouvrières de culture et technique de 1951-1952, accueilli avec politesse par le ministre de l'Éducation nationale, avait été renvoyé à une commission, mais n'a pas abouti. À sa place, les centres régionaux du CNAM ont été créés. Pierre Laurent s'opposait à la création de telles universités, au motif qu'elles auraient introduit un clivage supplémentaire dans les enseignements supérieurs. De la même façon, il était opposé à l'idée lancée par Michel Debré d'un ministère de la formation technique qui aurait privé l'Éducation nationale de possibilité d'évolution et accru le discrédit des formations techniques par rapport aux formations classiques. Les universités technologiques qui ont été créées ont été l'aboutissement de la volonté obstinée de quelques personnes : du ministre Olivier Guichard pour l'université de technologie de Compiègne en 1972, de celle de Claude Allègre pour celle de Belfort-Montbéliard en 1997, après une forte implication préalable de Jean-Pierre Chevènement. Pierre Laurent, opposé à tout démantèlement, se comportait ainsi en gardien de l'unité de l'Éducation nationale. Il refusait également l'idée de « colonne de distillation » de la formation technique qui aurait conduit à considérer comme une formation courte une fraction d'une formation longue : il mentionnait ainsi son désaccord avec les INSA dont Capelle était le défenseur en tant que fondateur de l'INSA de Lyon, et qui devaient, en principe, former à la fois techniciens et ingénieurs.

Pierre Laurent n'avait pas été particulièrement bien accepté lors de son arrivée au ministère par l'ensemble de la maison. Il apparaissait comme l'instrument du pouvoir gaulliste qui cherchait à « mettre au pas » une administration où les idées de gauche dominaient nettement depuis longtemps. Les directeurs et leurs services voyaient dans cette arrivée une perte d'autonomie. On s'est aperçu en effet que le secrétaire général prenait connaissance du courrier et annotait parfois les lettres adressées aux directeurs. Le courrier entrant et le courrier sortant étaient soumis au contrôle des services du secrétariat général, dont l'intervention allongeait parfois la durée du circuit. Cette intervention se traduisait par une exigence supplémentaire de cohérence, par des demandes d'explication, voire par une reformulation des courriers sortants. Il y avait un changement de style et de ton par rapport à l'administration antérieure.

A. Prost a pu écrire que la nomination de Pierre Laurent comme secrétaire général avait aussi pour but de « faire le ménage politique » ; elle se traduisait par l'appel à des responsables plus jeunes, par un changement d'esprit. « Là où soufflait la volonté démocratique de la Résistance et de la Libération prévaut désormais un projet plus technocratique et gestionnaire ». Ces propos écrits en préface d'un ouvrage de Jean Ferrez[1], collaborateur de Jean Capelle, sont peut-être un peu trop abrupts car il n'y a pas eu de rupture dans l'action du ministère, mais il est vrai que le mode de fonctionnement qui a prévalu avec P. Laurent était plus hiérarchique, plus inspiré par une logique d'organisation et de rigueur juridique et financière. C'est pourtant ce nouvel esprit qui a présidé à la mise en œuvre de la politique gaullienne d'éducation : recruter les élites sur une base démocratique[2]. Cette politique a marqué les mesures prises dans le domaine de l'enseignement supérieur.

La création d'une nouvelle filière de formation à caractère professionnel touchait nécessairement aux compétences des milieux économiques, employeurs et salariés, et à celle des syndicats d'enseignants. Ces derniers ne sont pas intervenus dans les travaux : il semble qu'ils n'aient pas été appelés à le faire. D'après les archives disponibles[3], l'implication des syndicats n'est apparue qu'après les décisions prises, lorsque les projets de textes ont été soumis à l'avis des organismes compétents ; leur réaction de surprise montre qu'ils n'avaient pas été préparés à cette éventualité.

S'agissant des partenaires économiques, ils ont été associés par la présence de leurs représentants aux deux commissions qui se sont succédé en 1964 et 1965 : Commission des dix-huit et Commission des IFTS.

---

1 *Au service de la démocratie – Souvenirs du ministère de l'Éducation nationale 1943-1989*, Paris, SHE INRP, 2004.

2 Prost, A., *Éducation, société et politiques*, Paris, Seuil, 1997, 1re édition 1992.

3 Archives du SNES notamment.

La participation du patronat a été importante pendant toute la période étudiée. Des études avaient été menées par l'UIMM en 1964, conduisant à des propositions de réforme[1] établies en relation « avec des personnalités appartenant à l'Enseignement supérieur ». Le CNPF avait participé au groupe d'études Boulloche constitué en 1961 qui a rendu son rapport en 1963[2] ; il préconisait de faire passer le nombre d'ingénieurs formés de 6 000 en 1963 à 12 000 en 1970 et d'accroître la formation de techniciens supérieurs. Le représentant du CNPF à la Commission des IFTS a fait un exposé favorable au projet, appuyé sur un document écrit[3]. Son attitude était à la fois favorable au principe, mais aussi prudente quant aux différents risques, notamment celui de voir le projet s'écarter de son objet professionnel. Il était aussi très soucieux que le projet de nouvelle formation fît une place aux élèves de l'enseignement technique : une manière d'atténuer l'aspect agressif du projet à l'égard des formations données dans les lycées[4] ; cette attitude vigilante sera conservée pendant toute la durée qui concerne la présente étude. Par exemple, en 1971, le CNPF constatait certes une bonne insertion des titulaires du DUT. Mais cette satisfaction de principe était accompagnée de critiques : les implantations d'IUT n'étaient pas toujours dictées par des considérations tenant à l'environnement universitaire, ou se faisaient parfois sous la pression de conjonctures locales, n'ayant que peu de rapports avec les réalités pédagogiques économiques, parfois même contre l'avis des instances compétentes. Une attention particulière était portée au respect de la finalité professionnelle en se prémunissant contre la propension, déjà décelable, de préparation aux enseignements supérieurs du second cycle. En outre, la crainte était toujours présente d'un allongement de la durée des études qui n'apporterait rien aux connaissances nécessaires et modifierait la finalité de la scolarité. Le CNPF suggérait au contraire de mettre au point un système de perfectionnement permettant d'acquérir de nouveaux diplômes et d'accéder à des formations d'ingénieurs. Il était aussi demandé que soit offerte aux intervenants des entreprises une initiation pédagogique[5]. En 1987, une nouvelle note plaidait pour

1 Lamoure, Jean, *op. cit.*, p. 54.
2 *Ibid.* p. 56.
3 Note de M. Chapulut du 1er janvier 1965, PV du 22 juin 1965, Archives Domerg.
4 Archives de H. Domerg.
5 Extraits de « La formation des hommes dans la société moderne », document CNPF, 1971.

que l'accès aux IUT ne fût pas réservé aux titulaires du baccalauréat de technicien, contrairement à la tendance de l'époque, rappelait le refus d'allonger la durée de la formation et ne consentait à la reprise d'études qu'après trois ou quatre années d'activité professionnelle. Le CNPF soutenait les positions des responsables d'IUT, quant à la nomination par le ministre par opposition à l'élection du directeur, et défendait l'affectation directe des moyens par le ministère en mentionnant que si les IUT changeaient d'orientation, les professions pourraient s'en désengager. Donc, une attitude de soutien, mais de ferme vigilance.

Quant aux syndicats d'enseignants, ils n'ont pris position que tardivement, lorsqu'ils ont été mis en présence de projets arrêtés par l'administration.

Les problèmes de l'enseignement supérieur, liés à ceux de la recherche, n'étaient pas nouveaux sous la IVe République. Des réflexions avaient déjà été menées sur le problème qui avait été abordé au premier colloque de Caen du 1er au 3 novembre 1956 organisé par *Les Cahiers de la République*[1]. Bien qu'axés essentiellement sur la recherche, les thèmes abordés mettaient en cause l'université, en demandant une réforme de l'enseignement supérieur scientifique. Le premier des douze points traités par le colloque concernait la demande d'un développement de la formation scientifique dans les enseignements secondaires, la formation « post-scolaire » de techniciens et d'ingénieurs par la création de centres associés au CNAM. Ces thèmes se retrouveront dans les discussions des années 1964 et 1965. Ce colloque est resté dans les mémoires. Il a été suivi, dix ans plus tard, du colloque tenu dans la même ville les 11, 12 et 13 novembre 1966, et organisé par l'Association d'étude pour l'expansion de la recherche scientifique, dont Jean-Louis Crémieux-Brilhac a été secrétaire général puis vice-président. Ce colloque a traité essentiellement des universités, de leur autonomie, de leurs structures et de leurs moyens. Il y a été fait mention, en particulier, de l'insertion d'enseignements de préparation à la vie professionnelle à chaque fin de cycle. Certes, les décisions relatives aux IUT ont été prises avant ce colloque, mais les idées émises étaient pour partie dans la ligne du colloque de 1956 et étaient déjà présentes à l'esprit des personnes qui ont eu à travailler en 1964 et 1965 sur la réforme de l'enseignement supérieur.

---

1 *Les Cahiers de la République*, janvier-février 1957, directeur Pierre Mendès-France.

Dans un discours prononcé le 11 novembre 1966, Pierre Mendès-France a rapporté le souci manifesté dix ans plus tôt « d'organiser l'afflux des masses jusque dans les universités. Il faut accepter l'enseignement supérieur de masse comme un fait qui, globalement, est bénéfique. D'ici vingt ou trente ans, la moitié de chaque classe d'âge devra poursuivre des études au-delà du niveau du baccalauréat ». Il admettait la nécessité d'une sélection à la condition expresse que les enseignements supérieurs, au sens le plus large du terme, disposent d'assez de places pour former tous les cadres dont la Nation a besoin. Il prenait ainsi parti sur l'épineux problème de la sélection qui a marqué la discussion sur les enseignements supérieurs pendant la période qui nous intéresse.

Certaines revues ont réservé des numéros entiers aux problèmes de l'enseignement supérieur : le numéro 213 des « *Temps Modernes* » de février 1964 était consacré aux problèmes des étudiants. On y critiquait le déficit de prévision des effectifs, qui remontait à 1948 (Marc Nachot), on traitait du malaise des étudiants (Marc Kravetz). 40 % à 50 % étaient contraints de travailler pour vivre. La démocratisation tendait à former des cadres d'une haute technicité au détriment de la culture générale. Robert Misrahi dénonçait la nature de la relation universitaire, relation de supérieur à inférieur, qui générait la passivité des étudiants.

Le numéro 328 de la revue « *Esprit* » (mai-juin 1964) avait pour thème « faire l'université » (dossier pour la réforme de l'enseignement supérieur). Les différents acteurs tentaient de définir une position soutenable, à propos de la gestion des effectifs, en envisageant toutes les hypothèses : poursuite des pratiques actuelles, limitation des admissions, orientation, sélection, diversification des voies, sur la base d'un questionnaire rédigé par la revue. Les réponses étaient diverses et traduisaient un réel embarras. Paul Ricœur a fait une synthèse des réponses : la limitation à l'entrée de l'université ne paraissait ni souhaitable ni possible : la prévision des emplois à terme était irréalisable et la limitation des effectifs, si on la réalisait en se référant à la composition réelle de la nation, aurait conduit à écarter un nombre considérable de jeunes issus des classes dirigeantes, ce qui n'aurait pas été jugé supportable.

L'accès à l'enseignement supérieur devait néanmoins être contrôlé et dirigé. La seule réponse était la diversification des filières. Il fallait pour cela « créer et développer un puissant enseignement technique supérieur » assez autonome pour ne pas alourdir les facultés et assez en liaison avec elles pour que des passerelles puissent être aménagées à différents niveaux et dans les deux sens entre l'enseignement théorique et l'enseignement technique[1] ». L'enseignement supérieur devait désormais préparer à un métier. La diversification des fonctions devrait s'accompagner d'une diversification des niveaux entre cycle court et cycle long. Cette contribution semble de nature à avoir inspiré certaines des solutions qui ont été adoptées : des formations techniques données dans l'enseignement supérieur, par la création d'un cycle court doté de structures spéciales demeurant dans le cadre de l'université.

1 Ricœur, Paul, « Faire l'université », *Esprit*, numéro spécial, mai-juin 1964, p. 1162 à 1172.

LES TRAVAUX DES COMMISSIONS DES « DIX HUIT » ET DES IFTS

Au ministère de l'Éducation nationale, le ministre Christian Fouchet a pris la décision de constituer la « Commission des dix-huit », qui a siégé de novembre 1963 à décembre 1964[1] sous sa présidence ou celle du secrétaire général Pierre Laurent. Une telle commission avait été jugée nécessaire par les conclusions du groupe d'études Boulloche créé en 1961, qui avait pour objet d'évaluer les besoins en ingénieurs et techniciens supérieurs et avait rendu ses conclusions en 1963. Ces conclusions recommandaient une augmentation des flux d'ingénieurs de 6 000 à 12 000 par an, de 1970 à 1975 et aussi une augmentation des formations de techniciens supérieurs (voir en annexe 1 la composition de la Commission).

Cette « Commission des dix-huit » était composée de membres de l'administration centrale (Jean Capelle, Robert Davril et Jacques-Émile Dubois), d'un recteur (Guy Debeyre), de cinq doyens (André Aymard, Georges Vedel, Louis Weil, Marc Zamansky et Bernard Guyon), de deux professeurs de faculté (François Chamoux et Pierre Grappin), d'un directeur d'études à l'EPHE (Charles Morazé), de Bertrand Schwartz, directeur de l'École des mines et de la métallurgie de Nancy, et de hauts fonctionnaires : François Bloch-Lainé, directeur général de la Caisse des Dépôts et Consignations, Olivier Guichard, délégué à l'aménagement du territoire et à l'action régionale, Maurice Ponte, directeur général de la Compagnie générale de la Télégraphie sans Fil (CSF), Jules Antonini, secrétaire général de la SNCF, Louis Jacquinot, directeur général du CNRS. La présence dans cette commission de personnes ayant participé aux colloques de Caen assurait une certaine continuité des réflexions. Louis Weil était particulièrement impliqué à Grenoble dans la formation des techniciens selon des modalités courtes (deux ans), comme il

1 AN, F 17 bis, 870 199 0011.

en était d'usage dans les formations d'adultes. Doyen de la faculté des Sciences, il avait développé l'accueil des étudiants dans les disciplines scientifiques, et, avec Paul-Louis Merlin, industriel, et Louis Néel, directeur de l'institut polytechnique, avait été à l'origine du colloque de Grenoble du 3 au 5 octobre 1957 sur la relation université-industrie.

La direction de l'enseignement supérieur était présente en la personne de son directeur, Robert Davril, qui occupa cette fonction jusqu'à son remplacement par Pierre Aigrain le 22 janvier 1965, et Jacques-Émile Dubois, professeur à la faculté des sciences de Paris, qui avait été conseiller au cabinet de Christian Fouchet de décembre 1962 à octobre 1963 et était devenu à cette date directeur-adjoint de l'enseignement supérieur, fonction qu'il occupa jusqu'en 1965. Ce dernier était très soucieux de resserrer les contacts entre les milieux industriels et l'université afin de faciliter la recherche. Il connaissait bien le système de formation britannique[1]. La commission a commencé ses travaux sur la base d'une note très complète de l'inspecteur général Amestoy qui ouvrait la réflexion aussi bien sur les missions, l'accès, les structures, la pédagogie que sur les recrutements des professeurs. Dans sa présentation, le ministre a insisté sur le champ très large qu'il souhaitait donner aux débats, incluant dans la réflexion, outre les universités, les grandes écoles et l'enseignement technique supérieur. En effet, les thèmes des interventions ont été très divers, tant l'embarras était grand pour trouver des solutions. Souvent, les préoccupations, avouées ou non, étaient fixées sur l'inégalité des aptitudes du public étudiant, comme en fait preuve cet échange de propos le 23 mars 1964 entre J. Capelle et G. Vedel : le recteur Capelle parlant « d'étudiants inégalement doués » et Vedel corrigeant le propos en « étudiants diversement doués ». Pour montrer l'hétérogénéité des propos, on peut citer, par exemple, que le doyen Vedel pensait, le 2 décembre 1963, à « un enseignement de transition qui encadrera les masses avec des méthodes de scolarité appropriées ». Jean Capelle imaginait des structures post-baccalauréat ouvrant accès à des formations professionnelles et à un enseignement pré-universitaire. Les réflexions conduisaient à rechercher un autre découpage du cursus et une diversification des objectifs pédagogiques et des structures. Ceci posait le problème de l'orientation comme le signalaient le 23 mars 1964 B. Schwartz et F. Bloch-Lainé.

1 Entretien avec Mme Dubois le 10 novembre 2009.

Pendant la période de préparation de la réforme des enseignements supérieurs, il a été à plusieurs reprises question d'éventuelles universités de technologie. M.-Y. Bernard y a fait allusion pour regretter leur absence. L'idée d'universités de technologie a été reprise et défendue au cours des travaux de 1964-1966 par Charles Morazé, directeur d'études à l'EPHE, membre du cabinet de C. Fouchet et ami de ce dernier. Pierre Laurent s'est opposé à ce projet. Il a fallu attendre la préparation de la loi d'orientation de l'enseignement technique du 16 juillet 1971 pour qu'à l'occasion des contacts préparatoires, Olivier Guichard, recevant Guy Deniélou, officier de Marine, chercheur au Commissariat à l'Énergie Atomique, lui propose de créer une école d'ingénieurs qui fasse de la recherche, jusqu'alors cantonnée dans les universités. C'est ainsi que fut décidée la création de l'université de technologie de Compiègne[1].

M.-Y. Bernard résume, dans l'interview donnée à Marie Chessel[2], ce qu'il retenait de la Commission des dix-huit : l'essentiel des reproches faits au système universitaire tenait à l'inadaptation de l'offre de formation aux souhaits de jeunes qui avaient d'autres projets que celui de devenir professeur de lycée. Il manquait des ouvertures vers des professions en lien avec les activités économiques, accessibles par un enseignement concret. Cette préoccupation conduisait à jumeler un enseignement technique à une formation « pragmatique » d'une manière unifiée et intégrée, différente de l'usage connu, mais critiqué, des stages déconnectés de l'enseignement. La Commission a rejeté les objections de Jean Capelle et de la direction de l'enseignement technique, tenant à l'existence des brevets de techniciens supérieurs (BTS), et des milieux de l'enseignement supérieur, qui défendaient les diplômes d'études supérieurs techniques (DEST) juxtaposant des certificats de licence et des stages, sans les intégrer. Ces DEST, au nombre de 78 étaient critiqués pour leur absence de liaison entre les entreprises et les facultés[3].

La Commission comportait des sous-commissions, dont une qui travaillait sur le baccalauréat de technicien, une autre, présidée par P. Laurent, sur les futurs instituts de techniciens supérieurs[4].

---

1 Lamard, Pierre et Lequin, Yves-Claude, *La technologie entre à l'université*, Belfort-Montbéliard, UTBM, 2005.

2 Interview de M.-Y. Bernard par Marie Chessel (EHESS) le 15 avril 1999.

3 *Ibid.*

4 M.-Y. Bernard, les IUT, *op. cit.*

Finalement, le ministre a envoyé le 19 novembre 1964 une lettre aux doyens et aux recteurs traitant de la conception d'ensemble du second degré et du supérieur, de la mise en œuvre d'une orientation corrigée par la création de passerelles, de la diversification du cheminement : des cycles courts de deux ans seraient offerts aux candidats peu doués pour les études abstraites. Ils donneraient une qualification ouverte sur les professions. Les méthodes y seraient repensées. Cette voie remédierait ainsi au manque de cadres moyens dans le système économique.

Ainsi était rendue publique la décision de créer les instituts de formation des techniciens supérieurs, décision qui avait été prise en conseil restreint à l'Élysée le 5 juin 1964, les travaux de la commission étant concomitants aux réunions de conseils ministériels traités plus loin.

La commission des 18 était de ce fait supprimée et remplacée par deux commissions :

- la commission des enseignements scientifiques et littéraires des facultés,
- la commission des instituts de formation des techniciens supérieurs (IFTS)[1].

Les deux nouvelles commissions ont tenu leur première réunion le même jour, le 22 janvier 1965, la première le matin, la seconde l'après-midi. Les anciens membres de la commission des 18 ont été répartis dans l'une ou l'autre des deux commissions. Dans la commission des IFTS se retrouvent de la commission des 18, MM. Bloch-Lainé, Davril, Debeyre, Morazé, Schwartz, Weil et Zamansky. Parmi les nouveaux membres, on note MM. Aigrain, directeur des enseignements supérieurs, Bernard, professeur au CNAM, Chapsal[2], directeur de l'Institut d'études politiques de Paris, Chapulut, président de la Commission de formation du CNPF, Chéradame, directeur des études à l'École Polytechnique, Debiesse, directeur du Centre d'études nucléaires de Saclay, Ducray, chef du service des statistiques au ministère de l'Éducation nationale, Dontot, directeur général de la Compagnie française Thomson-Houston, Escande, directeur de l'École nationale supérieure d'ingénieurs

1 *Cf.* en annexe la composition de la commission des IFTS dans la présentation qu'en fait M.-Y. Bernard dans son ouvrage sur les IUT.

2 Remplacé par M. Quermonne, directeur de l'institut d'études politiques de Grenoble.

d'électrotechnique et d'hydraulique de Toulouse, Galoni, délégué de la CFDT, Maxe, inspecteur général de l'enseignement technique, Schmitt, Recteur de l'académie de Nantes[1] (voir en annexe 2 la composition de la Commission des instituts de formation des techniciens supérieurs).

Les travaux de cette commission seront étudiés dans le cadre de la conception des IUT qui fut principalement l'œuvre de M.-Y. Bernard. Comme il a été mentionné plus haut, la procédure d'élaboration des décisions est complexe : parallèlement au déroulement des travaux des commissions des dix-huit et des IFTS, qui n'étaient que consultatives, se tenaient des conseils restreints à l'Élysée de 1963 à 1967, où s'étudiaient les question de fond, et d'où émanaient le cas échéant, après les discussions, les décisions du Président de la République. Les discussions de ces conseils et leurs conclusions sont rapportées par J. Narbonne dans son ouvrage précité. Les réflexions sont toutes inspirées par l'idée de revoir la division des enseignements supérieurs en cycles. Une hypothèse parmi d'autres consistait à constituer un cycle d'enseignement supérieur court à vocation professionnelle, de manière à y recevoir les étudiants peu préparés à une scolarité longue et à contenu principalement théorique. Les précautions rédactionnelles sont diverses pour les désigner sans vexer. Elles relèvent toutes d'une psychologie assez sommaire consistant à distinguer les aptitudes entre le « concret » et « l'abstrait », en essayant avec un succès plus ou moins grand, de ne pas hiérarchiser les deux types d'aptitudes. Il semble que Pierre Laurent ait compris l'intérêt que l'on pouvait tirer d'une nouvelle organisation de l'enseignement supérieur, en consacrant une nouvelle filière à la formation de « techniciens supérieurs ». Ainsi on atteignait deux objectifs : « dériver » des flux hors des cursus traditionnels de la licence et du troisième cycle, diversifier et enrichir l'enseignement supérieur par la création d'un nouveau champ. En même temps, on anoblissait l'enseignement technique en lui donnant une place dans l'université.

Au conseil restreint du 5 juin 1964, Pierre Laurent a insisté pour créer un enseignement post-baccalauréat à caractère technique et demandé qu'on en traite dans le Plan pour chiffrer notamment les besoins. Selon lui, dans cette nouvelle configuration de l'enseignement supérieur, il ne resterait que 10 à 12 % des effectifs qui correspondraient aux besoins des facultés. Le Plan a évalué la part des nouvelles formations techniques à

---

1 Liste donnée par M.-Y. Bernard dans son ouvrage précité.

40 % des 750 000 étudiants prévus. La décision de création des instituts a été prise à ce conseil sous une rédaction qui a donné lieu à discussion, comme il est écrit plus loin.

La position de Pierre Laurent est éclairée par une note très importante[1] portant le titre de « *L'action du ministère de l'Éducation nationale en matière de réforme de l'enseignement* » et datée du 15 août 1964. Dans cette note, il éliminait d'abord un certain nombre des solutions envisagées à la crise de l'enseignement supérieur :

- un cycle intermédiaire de deux années d'orientation et de préparation à l'enseignement supérieur ; il serait incompatible avec l'objectif de raccourcissement de la durée des études ;
- le maintien des paliers actuels, qui conduirait à des effectifs de 625 000 à 900 000 étudiants en 1972-1973 ; solution qu'il rejette ;
- créer un enseignement de formation de cadres moyens, niveau où existent des déficits. Une formation professionnelle en deux ans serait donnée dans des instituts à créer avec le double concours de l'enseignement secondaire et de l'enseignement supérieur.

Cette troisième solution, qu'il propose, conduirait à la répartition suivante des effectifs d'une classe d'âge pour la partie qui sort du second cycle, soit 33 à 36 % de la classe d'âge) :

- 12 % de la classe d'âge en facultés,
- 7 à 8 % en instituts,
- 13 à 15 % dans la vie active.

Cette répartition conduirait à des effectifs cumulés de 480 000 à 500 000 dans les facultés et de 160 000 à 170 000 dans les instituts.

Le rapport comporte aussi des propositions concernant

- l'enseignement technique traditionnel : accélérer la mise à jour des certificats d'aptitude professionnelle, ouvrir l'enseignement technique à l'université et à l'enseignement du second degré,

1 Archives Domerg, 574-AP/5. Ce rapport a été transmis par H. Domerg à G. Pompidou en mentionnant qu'il était tout à fait d'accord avec P. Laurent. G. Pompidou a fait savoir qu'il approuvait la position de H. Domerg.

dégager les organismes de consultation professionnelle des tendances corporatistes qui les enferment ;
- l'information et l'orientation : les doter des organismes nécessaires ;
- la création de facultés de technologie et de sciences appliquées et des facultés de sciences sociales (solution qu'il regrettera par la suite). Ce document constitue en quelque sorte le programme correspondant à ses ambitions, et qu'il réalisera, partiellement seulement, il est vrai. Les instituts, au moins, seront réalisés.

La mise au point du compte rendu du conseil restreint du 5 juin 1964 a donné lieu à des échanges significatifs sur la nature juridique des instituts. Le projet initial sans doute établi par l'Élysée, ou en tout cas que H. Domerg considérait comme « notre texte », disposait : « Tous les autres élèves qui, sans être admis dans les facultés, n'en seraient pas moins aptes à poursuivre leurs études, auront accès à des instituts de formation professionnelle extérieurs à l'enseignement supérieur ».

La version revue par le ministère de l'Éducation nationale est rédigée comme suit : « Les autres bacheliers auront accès à des instituts de formation professionnelle distincts des facultés ». Finalement, la version mentionnée dans les annexes de J. Narbonne est la suivante : tous les autres élèves qui, sans être admis dans les facultés n'en seraient pas moins aptes à poursuivre leurs études auront accès à des instituts ou établissements divers de formation professionnelle extérieurs à l'enseignement universitaire.

Entre les trois versions, on voit que la première excluait les instituts nouveaux de l'enseignement supérieur et que le ministère de l'Éducation nationale voulait au contraire les y maintenir pourvu qu'ils fussent distincts des facultés. C'est donc le projet d'une nouvelle filière de l'enseignement supérieur qui était proposée. La formule retenue était compatible avec cette dernière proposition, y ajoutant toutefois des établissements de formation.

Cette formule est celle que Pierre Laurent a réussi, difficilement, à faire admettre au Premier ministre Georges Pompidou, peu enclin à favoriser les filières techniques : elle faisait des nouveaux instituts une filière nouvelle qui diversifiait les enseignements supérieurs. Georges Pompidou aurait préféré les termes d'instituts d'enseignement technique supérieur[1].

---

1 Entretien avec Pierre Laurent du 14 novembre 2001.

La mise en œuvre du dispositif de création des instituts a été toutefois problématique. H. Domerg constatait des retards. Une note de ce dernier fait mention d'une réunion autour du Premier ministre, avec le ministre de l'Éducation nationale et des membres de son cabinet, à laquelle assistaient aussi M. Jobert et H. Domerg au cours de laquelle a été décidée la création d'une commission qui serait compétente pour l'enseignement professionnel court, les instituts et les facultés techniques. Des notes de suggestions ont été demandées à diverses personnalités qui tardèrent à répondre et la synthèse des suggestions n'était encore pas réalisée en décembre (note Domerg du 5 décembre).

Les conseils restreints ont encore fait une place aux IUT : le 4 mars 1965, Pierre Laurent a été invité à y parler de la voie de l'enseignement technique. À l'invitation du général de Gaulle, il a présenté les travaux de la Commission des instituts de formation technique supérieure : l'objectif était de former des « ingénieurs de fabrication » en deux ans ; l'enseignement y serait plus fortement organisé que dans les facultés. Un effort financier serait consenti dans le Ve Plan (3 Mds de F pour les instituts sur les 6 Mds de F pour l'enseignement supérieur). Il pense, pour gagner du temps, à utiliser les locaux des instituts nationaux des sciences appliquées (INSA) et ceux de certains lycées techniques. C. Fouchet ayant avancé imprudemment que l'on pourrait entrer dans les instituts sans posséder le baccalauréat, le Général a émis la crainte que les instituts ne soient débordés et « qu'on ne dépense une masse de crédits pour absorber une masse de crétins qui, normalement, n'auraient pas accès à l'enseignement supérieur ». Pierre Laurent fut obligé de préciser que le niveau de la profession, où 90 % des techniciens supérieurs sont déjà bacheliers, serait maintenu. La présence de professionnels dans les conseils pédagogiques en serait le gage.

Ce type d'incident montre la difficulté de la définition du niveau à assigner aux nouvelles formations. Un des objectifs est de préserver le niveau des facultés en évitant l'entrée de jeunes qui ne l'auraient pas atteint, un autre objectif étant de créer une filière nouvelle dont le caractère technologique ne serait nullement incompatible, par le niveau intellectuel qui lui serait assigné, avec leur appartenance aux enseignements supérieurs. La question du « profil » des candidats à la nouvelle filière, jumelée à celle du « niveau », est la base de la « dispute », dont l'histoire est aussi longue que celle des IUT, sur la place à donner aux titulaires du baccalauréat général et à ceux du baccalauréat technologique dans les nouveaux instituts. Selon J. Narbonne, G. Pompidou, a, lors de cette réunion, donné un satisfecit au travail de la commission des IFTS.

Des remarques générales peuvent être faites sur les préoccupations et les hypothèses dans lesquelles les participants à ces conseils raisonnaient.

- en premier lieu, une crainte était toujours présente : celle d'être submergés par un flux non contrôlable d'étudiants, comme en témoigne la richesse du vocabulaire employé pour le désigner s'inspirant toujours de l'image de catastrophe naturelle, le plus souvent de nature hydraulique (submersion, par exemple). Rares étaient les personnalités qui évoquaient dans ce mouvement démographique et sociologique une source de richesse possible, un élément positif;
- le mot de « démocratisation » n'est presque jamais employé. La notion pouvait être sous-jacente à celle de réduction du taux d'échecs, objectif souvent affiché, mais souvent aussi planait l'idée de risque d'abaissement du niveau général des études ;
- en troisième lieu, la typologie des étudiants potentiels ne répondait pas à une taxinomie très élaborée. On ne voyait que deux grandes catégories d'étudiants : ceux qui étaient aptes aux études théoriques pour leur capacité à utiliser l'abstraction intellectuelle, et ceux qui avaient besoin de passer par des exercices pratiques. Cette distinction est celle dont se servent, à l'époque, la plupart de ceux qui ont été amenés à introduire, parmi les jeunes, des critères de classification. C'est ce que développera Pierre Laurent dans ses déclarations à propos de la création des IUT, par exemple dans son exposé très connu du 26 octobre 1965 au dîner-débat de l'ACADI[1]. « La réforme entreprise, et notamment la création des instituts universitaires de technologie, apporte un principe nouveau dans l'organisation de notre enseignement, à savoir que la

1 Exposé de Pierre Laurent, secrétaire général du Ministère de l'Éducation nationale au dîner-débat de l'Association des cadres dirigeants pour le progrès social et économique, Revue *L'enseignement technique* », (AFDET) 1er trimestre 1966, p. 15 à 37.

voie théorique et abstraite n'est pas la seule que puissent suivre des enseignements fidèles à leur mission. Il existe des cheminements concrets, aussi formateurs et mieux adaptés à certaines formes d'esprit. Rompre avec le dogme de l'unité de la pédagogie, mettre en cause une hiérarchie des enseignements fondée sur la seule capacité d'abstraction qu'ils requièrent, à la fois, du professeur et de l'élève, c'est approcher l'enseignement d'un grand nombre d'élèves et d'étudiants, c'est donner une mission nouvelle notamment à nos enseignements de caractère technique ».

L'ÉLABORATION DU CONCEPT D'INSTITUT UNIVERSITAIRE DE TECHNOLOGIE

Les IUT ont été pensés dans une situation administrative considérablement modifiée. Dans un ministère désormais doté d'un secrétariat général très puissant, la direction de l'enseignement supérieur est devenue direction « des enseignements supérieurs[1] ». Robert Davril a été remplacé le 22 janvier 1965 par Pierre Aigrain, qui fera à plusieurs reprises mention de l'importance de ce changement d'appellation. Né le 28 septembre 1924, Pierre Aigrain était un ancien élève de l'École navale ; il avait poursuivi ses études aux États-Unis au Carnegie Institute of Technology de Pittsburgh où il reçut le titre de docteur es-sciences. À son retour en France, après plusieurs fonctions universitaires, il entra comme ingénieur au Commissariat à l'énergie atomique (1951-1952). Maître de conférences puis professeur à la faculté des sciences de Paris, il enseigna l'électrotechnique puis l'énergétique (1954-1965) et devint directeur scientifique à la direction des recherches et moyens d'essais au ministère des Armées (1961-1965).

Dans un ouvrage de 1983, Pierre Aigrain a émis quelques idées sur les problèmes d'organisation pédagogique et de formation dont on peut penser qu'il les avait déjà lorsqu'il était directeur des enseignements supérieurs. Il a été très marqué par son expérience des universités américaines, point qu'il a en commun avec Michel-Yves Bernard. Il était très critique à l'égard des institutions françaises : « à quelques exceptions près, écoles maternelles et troisième cycle des facultés de sciences, nous n'avons pas en France un enseignement de formation. Nous avons un entraînement à passer des examens. En troisième cycle de sciences, les points bénéfiques sont le petit nombre des étudiants par groupe où le

1 Cette réforme est postérieure à l'opération qui a réduit la direction de l'enseignement technique jusqu'alors autonome, à une simple direction de la Direction générale de l'organisation et des programmes scolaires créée en 1960.

professeur connaît ses élèves et la nature de l'examen final qui n'est pas de même nature que les examens classiques ». Aux États-Unis, les étudiants peuvent poser des questions, demander « pourquoi ». En France, au contraire, règne la passivité dans les cours. Son souhait aurait été que les facultés, devenues réellement autonomes, facturent un coût et que les étudiants payent une scolarité, au besoin en recourant à des prêts. Les professeurs, même s'ils demeuraient fonctionnaires, ne seraient pas assurés de la pérennité de leur poste. Ce serait faute d'avoir pu faire admettre ce projet en 1966-1967 qu'il aurait quitté la direction des enseignements supérieurs[1]. Pour la conception du projet IFTS, P. Aigrain avait fait appel à Michel-Yves Bernard.

Né le 1er juillet 1927 à Paris, Michel-Yves Bernard a perdu son père à l'âge de trois ans, décédé des suites de la guerre de 1914-1918. Il fut de ce fait pupille de la Nation. Élève du lycée Montaigne puis du lycée Louis Le Grand de 1938 à 1945, bachelier en sciences et en lettres en 1945, il a fréquenté la faculté des sciences de Paris de 1945 à 1949 (licence es sciences, mathématiques et physique). Reçu premier à l'agrégation de sciences physiques en 1949, il a été nommé professeur au lycée de Limoges dans une classe de mathématiques supérieures, puis en 1951, au lycée Chaptal dans une classe préparatoire à l'École supérieure d'électricité. Docteur en sciences physiques en 1953[2], il fut nommé maître de conférences de physique à la faculté de sciences de Caen, puis professeur à l'Institut national des sciences et techniques nucléaires (1959 et 1960) et chargé de cours au CNAM en 1962 (cours d'initiation à la mécanique quantique).

M.-Y. Bernard avait fait la connaissance de P. Aigrain à l'ENS où le premier préparait l'agrégation comme auditeur libre et où le second était professeur. Les témoignages recueillis sur M.-Y. Bernard tracent le portrait d'un homme d'une grande curiosité intellectuelle, d'une capacité de travail considérable et d'une forte confiance en lui, portant de l'admiration aux techniciens et travailleurs manuels, ce qui peut éclairer son implication dans la formation technique.

La conception des IUT est l'œuvre d'une collaboration entre P. Laurent, P. Aigrain et M.-Y. Bernard. On dispose, en ce sens de témoignages : M.-Y. Bernard a désigné expressément P. Laurent comme l'initiateur

1 Aigrain, Pierre, *Simples propos d'un homme de sciences*, Paris Hermann, 1983.

2 Sujet de thèse : « La focalisation forte dans les accélérateurs linéaires d'ions ».

des instituts chargés d'offrir une voie nouvelle aux bacheliers[1]. Par ailleurs, P. Aigrain a reconnu M.-Y. Bernard comme celui qui avait fait le travail sur les IUT[2].

P. Aigrain et M.-Y. Bernard avaient entre autres points communs, celui de connaître le système de formation des techniciens et d'ingénieurs aux États-Unis d'Amérique. Ils s'y sont trouvés ensemble en 1965. Ils ont ramené des listes de spécialités des « Communauty colleges », à la charge des villes, et des « two years colleges ». M.-Y. Bernard reconnaît s'en être inspiré et s'est senti capable de rassembler, avec des collègues, des compétences pour monter un système comparable[3]. Il connaissait aussi le système allemand des formations d'ingénieurs diplômés et des ingénieurs gradués qu'il décrit dans un ouvrage sur les IUT.

Certes, le terrain n'était pas vierge. Il y avait eu auparavant les travaux du groupe Boulloche, en 1963, traitant à la fois des ingénieurs et des techniciens. Du côté du Patronat, il existait un projet d'instituts techniques censé répondre aux mêmes objectifs que les futurs IUT. Le représentant du CNPF à la commission, Jean-Noël Chapulut, a pu présenter, d'entrée de jeu, une note dont le contenu est très proche des solutions qui ont été adoptées[4]. Cette note reprenait les avis de la commission de la formation du CNPF : toutes les professions ont des besoins d'un personnel de niveau situé entre le brevet de technicien et le titre d'ingénieur. La formation doit être délivrée dans des organismes autonomes par rapport aux facultés. Elles doivent privilégier la résolution de problèmes économiques, et non pas des problèmes démographiques. Les effectifs des unités ne doivent pas dépasser 600 élèves. L'entrée doit se faire sur la base du baccalauréat, du brevet de technicien ou étude du dossier et exclure l'accueil d'étudiants en échec. Le patronat est d'accord pour participer à l'élaboration des programmes, aux organismes locaux et nationaux, mais se refuse à se prononcer sur l'aptitude des stagiaires. Le projet des IFTS était très proche des projets du CNPF. Sous la conduite de P. Laurent, la conception des IUT était donc une réforme pédagogique confiée à deux scientifiques. Leurs propos reflètent le même

1 Interview de M-Y. Bernard par Marie Chessel le 15 avril 1999.

2 Histoire orale du CNRS. Intervention de P. Aigrain à l'université de Paris 1 le 27 avril 1987.

3 Interview de M.-Y. Bernard par Marie Chessel, précitée.

4 Procès-verbal de la réunion du 22 janvier 1965 de la commission des IFTS, archives Domerg, 574 AP3.

souci de s'inspirer de méthodes utilisées dans les sciences « dures ». Selon P. Aigrain, dans sa préface à l'ouvrage de M.-Y. Bernard, ce travail a été celui d'un « laboratoire de structures pédagogiques traitant un problème avec les méthodes de la recherche scientifique expérimentale : comment bâtir un système d'enseignement supérieur assez ouvert sur le monde pour que sa "production" en découvertes et en étudiants puisse pénétrer aisément dans la société et la faire progresser[1] » ? Cette démarche devait contribuer à régler, entre autres problèmes, celui essentiel des enseignements supérieurs : mettre fin à la déperdition des étudiants scientifiques évaluée à 15 % dans les enseignements de licence.

Aux propos de P. Aigrain répondent des réflexions de M.-Y Bernard sur la méthode : le 22 février 1965, une note de sa main mentionne que les IUT doivent se concevoir comme une « industrie » selon le modèle des universités américaines, par exemple Stanford[2]. Une réflexion théorique précède l'énoncé des propositions de formation. Bernard s'appuie sur une définition de la technologie et sur la place qui peut être faite aux technologies. La technologie fait appel aux connaissances scientifiques d'un ou de plusieurs domaines pour résoudre un problème qui se pose à l'homme. Quelquefois, ces connaissances sont encore mal assurées. Il faut parfois grouper plusieurs scientifiques travaillant à la marge des corpus établis : le technologue est un homme de synthèse. Selon l'ampleur des synthèses, on peut définir plusieurs niveaux de technologues : au niveau supérieur, les technologues constructeurs sont des ingénieurs. Au deuxième niveau, les technologues s'appellent techniciens supérieurs.

Une conséquence essentielle de ces réflexions concerne la nature des établissements où la formation sera donnée : il faut qu'ils permettent une interaction entre enseignants et professionnels. Cette condition peut et doit être réalisée dans l'enseignement supérieur. Encore faut-il que les structures le permettent. Un argument de texte est tiré d'un décret du 7 décembre 1964 qui dispose que tous les enseignements destinés aux étudiants au-delà du baccalauréat seront des enseignements supérieurs. Il a été sollicité pour appuyer la position prise de former les techniciens supérieurs dans l'enseignement supérieur et non dans le second degré.

1 Bernard, M.-Y., *Les instituts universitaires de technologie*, Paris, Dunod 1970, préface de Pierre Aigrain.

2 Archives Domerg, note du 22 février 1965.

Montrant que l'université traditionnelle est peu encline à accompagner l'évolution de la société, M.-Y. Bernard se livre à l'énumération des occasions manquées qui ont été compensées par la création de nouvelles structures telles le Collège de France ou l'École pratique des hautes études. Dans le cas particulier des IUT, la nécessité d'innover est renforcée par l'absence de facultés de technologie et par la fixité des facultés qui, vouées chacune à un champ scientifique précis, ne permettent pas la circulation des enseignants hors du territoire qui leur est attribué. Il est fait mention alors du décret du 16 juillet 1896 qui permet aux universités de créer des instituts. Les Écoles nationales supérieures d'ingénieurs (ENSI) et les instituts d'administration des entreprises (IAE) ont une existence légale parallèlement aux facultés. C'est cette voie qui est choisie pour les IUT.

Pour M.-Y. Bernard, l'intervention de l'enseignement supérieur se justifie d'autant plus que l'enseignement technique traditionnel n'est pas à la hauteur des besoins. Il se livre à ce propos à une critique très virulente de ce dernier, qui se limite seulement, selon lui, à alimenter les entreprises en main-d'œuvre, ne faisant aucune place à la culture générale, bien que « déployant un trésor d'imagination pour inventer un humanisme technique », mention ironique faite au plaidoyer que Jean Capelle développe dans ses écrits en faveur de l'enseignement technique. Le brevet de technicien supérieur des lycées techniques était inclus dans cette critique. Il s'agit donc bien de faire entrer dans l'enseignement supérieur un nouveau type de formation donnée dans de nouvelles structures, en concurrence avec, notamment, l'enseignement des lycées techniques, dont selon le texte constitutif des IUT, la disparition était prévue.

On peut se demander toutefois si ce pari avait été pris en mesurant bien l'ampleur du conflit que l'on déclenchait entre deux organisations qui allaient se disputer le même public, et dont la seconde devait, semble-t-il absorber la première, selon des processus qui demeuraient obscurs. Au fil de l'année 1965, la commission dite des IFTS a examiné les différents points qui ont abouti au schéma des IUT. Les notes élaborées au cours de l'année 1965 montrent la diversité des problèmes abordés :

- les attentes à l'égard des techniciens supérieurs pour l'enseignement supérieur technique court industriel : collaborer avec les ingénieurs, traduire les concepts, proposer des solutions techniques, coordonner les agents, maîtriser l'expression pour assurer l'encadrement. Ces attentes demeuraient néanmoins insuffisamment précises pour qu'on puisse se faire une idée claire des fonctions qui seraient confiées à ces nouveaux techniciens supérieurs, ni de ce qui les distinguerait, s'il y avait lieu, des fonctions auxquelles préparaient déjà les sections de techniciens supérieurs des lycées. La même incertitude régnait sur les effectifs que l'on entendait former ;

- la place et la carrière des futurs techniciens supérieurs : c'est l'inquiétude du seul syndicaliste (CFDT) de la commission, Pierre Galoni : les emplois correspondants sont tenus à l'époque à 40 % par des autodidactes. Les nouveaux techniciens devaient se voir proposer des possibilités de carrière et une insertion dans la hiérarchie garantie par des conventions collectives. M.-Y. Bernard voulait que des promotions leur soient possibles, qu'ils puissent passer à d'autres fonctions, notamment commerciales, qu'ils puissent soutenir des thèses et devenir chercheurs. Alors que la durée des études a été fixée à deux ans, il a été question de créer une troisième année, surtout à l'initiative des étudiants et des directeurs. Le problème sera par la suite l'objet de discussions périodiques auxquelles l'administration opposa toujours un veto. P. Laurent y était personnellement défavorable, de même que le CNPF ;
- les champs d'activité couverts : ils ont été déterminés avec les différentes fédérations professionnelles qui ont été appelées à se prononcer et la plupart ont manifesté leur intérêt pour la nouvelle formation, notamment l'Union des industries métallurgiques et minières, la Fédération nationale du bâtiment, l'Union des industries chimiques, celle de l'Industrie textile[1].

M.-Y. Bernard a signalé le rôle important joué par Jean-Noël Chapulut, membre de la commission des IFTS, désigné par le CNPF, pour faire admettre les futurs techniciens supérieurs issus des nouvelles formations par les différentes branches professionnelles. Mais les milieux patronaux n'ont jamais tranché entre ces formations et celles données par les lycées

1 Note du 5 mars 1965, Archives Domerg.

techniques dans les sections de techniciens supérieurs. Ils avaient même intérêt à se garder la possibilité de choisir entre formations concurrentes. En général, si le CNPF soutenait clairement les IUT, les branches professionnelles demeuraient très attachées aux formations données dans les lycées dont elles maîtrisent les enseignements par leur présence aux commissions professionnelles consultatives.

C'est M.-Y. Bernard qui a rédigé les principes pédagogiques[1]. Il fallait développer l'aptitude à communiquer, l'altruisme, l'expression graphique et orale, enseigner une langue étrangère technique, apprendre à chercher sa « pâture intellectuelle » dans son entourage, dans les bibliothèques, aller voir des personnes compétentes. Il fallait aussi préserver du temps libre pour des travaux personnels. Sous cette énumération, on peut lire « en creux » une critique à peine voilée de ce qui était reproché à l'enseignement technique traditionnel.

Le principe avait été retenu que le personnel enseignant devait provenir des corps de l'enseignement supérieur, de ceux du second degré et du personnel des entreprises. Le travail des enseignants devait se partager entre le contact avec l'industrie et l'enseignement. Le premier point concernait pour 80 % l'appui aux efforts des étudiants et pour 20 % la recherche d'idées de travail. L'enseignement devait être partagé en 50 % « sur le tas » et 50 % en activité sur la recherche appliquée. L'enseignement magistral devait comporter 8 heures d'acquisition des connaissances scientifiques et 4 heures de méthodes d'acquisition des connaissances.

B. Schwartz a regretté[2] qu'on ne s'inspirât pas de ce qui avait été fait à Nancy : les étudiants étudiaient les sujets des cours eux-mêmes d'avance. Ceci permettait de raccourcir la durée des cours. Selon lui, la durée des cours retenue par M.-Y. Bernard était trop longue.

Les autres documents de M.-Y. Bernard traitaient de quelques principes d'organisation administrative : le rôle du directeur était primordial : il propose les affectations d'enseignants, nomme le personnel administratif, assure l'autonomie financière de l'institut. La recherche est une activité formative à laquelle les étudiants doivent être initiés.

À l'échelon national revient la définition des programmes. Des conjoncturistes doivent être en charge d'établir les besoins. À ce propos, une note de Bertrand Schwartz fait la critique des organismes de

1 Note non datée. *Ibid.*
2 Entretien du 17 mars 2010.

consultation de l'époque (les commissions professionnelles consultatives). Elles sont trop utilitaristes et manquent de dynamisme. Il faut créer un organisme d'études et de recherche et des commissions d'étude des exigences et des besoins. Ce souci coïncide, s'il n'est à son origine, avec le projet de Pierre Laurent de créer le Centre d'études et de recherches sur les qualifications (CEREQ) et de moderniser les mécanismes de concertation avec les professions.

À partir de mai 1965, le travail, qui jusqu'alors avait été consacré au secteur industriel, où M.-Y. Bernard et P. Aigrain étaient le plus à l'aise, a été étendu au secteur du commerce et des services. C'est dans cette perspective que Jean-Louis Quermonne, directeur de l'institut d'études politiques de l'université de Grenoble s'est joint à la commission. J.-L. Quermonne a été appelé au téléphone par Pierre Laurent pour une entrevue au cours de laquelle le secrétaire général lui a demandé d'être conseiller technique auprès de P. Aigrain pour les formations du secteur tertiaire. La proposition, selon J-L. Quermonne, avait déjà été faite à Jacques Chapsal, professeur à Sciences-Po Paris, qui avait refusé pour cause de surcharge de travail, et lui avait suggéré de faire appel à lui.

Jean-Louis Quermonne a donc créé des commissions spécialisées, pour les spécialités correspondantes :

- administration des entreprises et collectivités publiques, maintenant dénommées « gestion des entreprises et des administrations »,
- techniques de commercialisation,
- carrières juridiques,
- informatique et entreprises.

Il n'a pas été possible de créer de spécialité dans le secteur sanitaire et social, le ministre chargé de la Santé, Jean-Marcel Jeanneney, ayant voulu préserver les écoles en place, relevant de son ministère, la plupart d'ailleurs privées. Cette réponse négative a été renouvelée quand Jean-Pierre Soisson[1] a été ministre d'État aux universités entre 1974 et 1976. La même impossibilité, pour raisons de frontières ministérielles, a dû être constatée en ce qui concerne les professions de l'agriculture. L'appel à J.-L. Quermonne avait aussi l'avantage de familiariser la commission

1 Entretien avec M. J-L Quermonne le 16 avril 2010.

des IUT avec la gestion des instituts d'université, catégorie juridique à laquelle devaient appartenir les IUT et déjà utilisée par les instituts d'études politiques.

La commission a aussi bénéficié de la collaboration de Pierre Tabatoni, professeur à la faculté de droit et de sciences économiques de Paris, sans qu'il fasse toutefois partie officiellement de la commission. Il a joué par la suite un rôle important dans la promotion de l'enseignement de la gestion dans le cadre de la Fondation nationale pour l'enseignement de la gestion des entreprises (FNEGE), à l'initiative de Michel Debré[1].

M.-Y. Bernard avait évalué la répartition des étudiants selon les grandes orientations : sur les 80 000 étudiants en préparation des formations de niveau III (10 % en gros d'une classe d'âge), 20 % seraient orientés vers la santé, 25 % vers la production et les sciences de la nature, 25 % vers les services et les sciences économiques et 30 % vers la pédagogie et les sciences humaines. Relèveraient des IUT, hors secteur santé et pédagogie, 20 000 étudiants pour le secteur secondaire et 20 000 pour le secteur tertiaire, soit avec une formation de deux ans, 40 000 pour chacun des secteurs et 80 000 au total.

La scolarité de 60 semaines nécessiterait 1 800 heures par an, à raison de 30 heures par semaine. Une quinzaine de spécialités seraient définies comportant trois ou quatre options. Dans un IUT, une grande spécialité regrouperait environ 200 personnes. M.-Y. Bernard a exposé les raisons du changement d'appellation des instituts qui, de IFTS, (instituts de formation technique supérieure), ont été dorénavant dénommés IUT (instituts universitaires de technologie) : les termes de « formation technique » étaient jugés avoir une connotation péjorative dans l'univers mental des Français ; il fallait les éviter. En revanche, il était indispensable de faire entrer le mot « universitaire » pour à la fois complaire au public et manifester l'intérêt nouveau ou renforcé de l'université pour la « technologie », vocable plus « recherché » que celui de « technique[2] », et évoquant une activité plus conceptuelle.

Quatre expériences pédagogiques ont été menées sur la chimie à Rouen, la biologie à Nancy, l'électronique à Paris et la construction mécanique à Toulouse.

---

1 *Cf.* Marie Emmanuelle Chessel, Fabienne Paris, *Le technocrate, le patron et le professeur*, Paris, Belin 2001.

2 Entretien de Marie Chessel avec M-Y Bernard le 12 décembre 1996.

Selon Michel Bernard dans sa thèse sur les IUT, l'expérience de Rouen (chimie) aurait été bâtie à partir d'une formation de BTS donnée dans une école formant par ailleurs des ingénieurs ; celle de Nancy (biologie appliquée, 26 étudiants) à partir d'un enseignement donné dans une école formant des cadres techniques de l'administration. À Partis, (Cachan) la formation d'électrotechnique (24 étudiants), résultait d'une synthèse des éléments provenant du BTS et du DEST préparé à la faculté des sciences d'Orsay. À Toulouse, l'expérience de construction mécanique (40 étudiants) était menée par la transformation d'une section de l'INSA et des emprunts au programme du BTS de fabrication mécanique du lycée technique.

Il n'y avait eu d'échec au DUT en 1968 qu'à Rouen (14 %) et à Cachan (17 %) pour des étudiants entrés en formation en 1965-1966. Les emprunts aux BTS existants étaient remarquables et ont pu alimenter le soupçon de « captation » de formation entre les lycées techniques et les nouveaux IUT. Des groupes de travail avaient jugé de l'opportunité de créer une spécialité et proposer un programme pour l'enseignement. En 1967, ont été créées les commissions pédagogiques nationales à la place des groupes de travail. L'ensemble du dispositif a fait l'objet d'une circulaire le 25 juin 1967[1].

Le directeur organise le département qui est consacré à une spécialité autorisée par le ministre. Par analogie avec le schéma organisationnel de l'industrie, le directeur de l'institut est nommé, et non élu, comme l'aurait voulu la tradition universitaire. L'unité de base est le département destiné à 150 étudiants par année. Il est confié à un maître de conférences choisi après avis du directeur et qui propose l'équipe enseignante composée à parts égales de membres de l'enseignement supérieur, de membres de l'enseignement secondaire ou technique et de personnes engagées dans la vie active. Le maître de conférences assure la coordination des enseignants et assume son propre service. Il fait un rapport annuel et un rapport spécial sur la recherche doit être envoyé au service spécialisé des IUT à la direction des enseignements supérieurs. Toutes les précautions utiles avaient donc été prises pour que les IUT ne tombent pas dans le travers des facultés : choix du personnel, diversité de celui-ci, rôle coordinateur du chef du département qui est l'unité de

1 Circulaire n°III-67-281 du 25 juin 1967.

base de l'enseignement, remontées d'informations vers le ministère. Les services de la direction des enseignements supérieurs ont été d'ailleurs mis en conformité avec la nouvelle répartition des cycles et réorganisés de manière à assurer l'animation et le contrôle des IUT.

La comparaison des organigrammes de 1962 et de 1965 est instructive (*cf.* figures 3, 4 et 5 ci-dessous).

En 1962, la direction ne comportait que trois sous-directions et, au total, neuf bureaux couvrant les secteurs du personnel, des services financiers et de l'organisation des études. En 1965, l'organigramme est modifié par une augmentation du nombre de bureaux, qui passe à 17 au lieu de 9, répartis en une sous-direction et deux services. Des préoccupations nouvelles apparaissent : enseignement par correspondance, éducation permanente, relation université-industrie, organisation et méthodes de gestion des universités et facultés ; ensuite, par l'apparition d'un service des enseignements et formations techniques supérieurs regroupant quatre bureaux, dans lequel les IUT trouveront leur place. Sans verser dans le fétichisme des organigrammes, dont la modification relève parfois plus de la volonté d'afficher une orientation que d'un surcroît d'activité, on peut voir dans ces aménagements l'accompagnement des développements démographiques et la trace d'une place nouvelle faite à l'enseignement technique supérieur. L'organigramme de 1965 a fait apparaître trois services et 18 bureaux et a mentionné expressément les noms de M.-Y. Bernard et de J.-L. Quermonne qui ont joué un rôle moteur dans les formations de type industriel et de type tertiaire. Jean-Claude Salomon, administrateur civil[1], avait déjà occupé, dans les années 1960, le bureau du personnel des universités. Au moment de la décision de création des IUT, il exerçait, depuis 1964, dans les services du secrétariat d'État à la Jeunesse et aux Sports. Il a reçu un appel téléphonique de Pierre Laurent lui proposant de devenir chef de service des enseignements et formations techniques supérieures dont dépendaient les IUT. P. Laurent lui garantissait l'autonomie du service, l'assurant d'une liaison directe avec lui (et lui recommandait même de l'appeler d'abord si le ministre cherchait à le voir, ce qui est révélateur de certains aspects des relations entre le ministre et le secrétaire général.).

1 Entretien avec J.-C. Salomon le 26 novembre 2009.

Jean-Claude Salomon est resté à ce poste jusqu'en 1969. Il avait compétence sur tous les domaines qui concernaient les IUT. Il travaillait étroitement avec M.-Y. Bernard qui était bien, selon lui, le concepteur des IUT.

Direction générale de l'enseignement supérieur Directeur général : Laurent Capdecomme Adjoint au directeur général : Robert David	
Sous-direction A – Personnel	
A1	Personnel enseignant : droit, sciences, INSA
A2	Personnel enseignant : médecine, pharmacie, lettres, théologie
A3	Personnel enseignant : grands établissements, personnel technique, personnel contractuel
Sous-direction B – Services financiers	
B1	Budget gestion financière : grands établissements
B2	Gestion financière des universités et des facultés
B3	Gestion financière : établissements de la communauté
Sous-direction C – Organisation des études	
C1	Facultés
C2	Grands établissements et instituts
C3	Examens nationaux et concours

FIG. 3 – Organigramme 1962.
Source : *Annuaire de l'Éducation nationale* – 1962.

Direction des enseignements supérieurs Directeur général : Pierre Aigrain	
A – Sous-direction des affaires communes	
A1	Études et documentation
A2	Examens et concours nationaux
A3	Activités complémentaires des enseignements supérieurs (moyens audio-visuels, enseignement par correspondance, éducation permanente, relations avec les autres organismes d'enseignement supérieur, relations université-industrie)

B – Service des enseignements et du personnel universitaire	
Sous direction des enseignements	
B1	Droit, lettres
B2	Sciences, médecine, pharmacie, chirurgie dentaire
B3	Écoles normales supérieures, grands établissements, IPES, instituts d'université
Sous-direction du personnel enseignant et technique universitaire	
B4	Théologie, droit, lettres
B5	Sciences
B6	Médecine, pharmacie
B7	Écoles normales supérieurs, grands établissements, personnel technique
C – Service de l'organisation et de la gestion des universités et facultés et des grands établissements littéraires et scientifiques	
C1	Équipement, organisation et méthodes
C2	Gestion administrative et financière des universités et facultés
C3	Gestion administrative et financière des écoles nationales supérieures et des grands établissements littéraires et scientifiques
D – Service des enseignements et formations techniques supérieurs	
D1	Relations extérieures
D2	Organisation des enseignements
D3	Promotion supérieure
D4	Organisation administrative et financières des grands établissements techniques et instituts d'enseignements techniques supérieurs

FIG. 4 – Organigramme 1965.
Source : *Annuaire de l'Éducation nationale* – 1965.

DEUXIÈME PARTIE

LES PRINCIPALES ÉPOQUES DE LA VIE DES IUT

UN ACCUEIL AMBIGU

Le décret n° 66-27 du 7 janvier 1966 a été publié le 9 janvier 1966. Fait assez exceptionnel, le rapport de présentation était également publié. La signature et la publication ont été évidemment précédées d'un avis du Conseil supérieur de l'Éducation nationale (section permanente). Cet avis était négatif, les syndicats concernés étant dans l'ensemble hostiles. Ceci amène à traiter des relations avec les syndicats et d'une manière générale avec l'opinion publique et avec les milieux de l'Éducation nationale.

Pendant toute la durée des discussions qui ont conduit à la création des IUT, soit les années 1964 et 1965, il n'y a pas eu beaucoup de mentions du projet dans la presse. La Revue *l'Éducation nationale*, qui dispensait dans tous les établissements les informations sur le ministère, n'annonça pas vraiment la création des IUT. Elle traitait souvent de l'enseignement supérieur en général et du baccalauréat. Néanmoins, des déclarations du ministre laissaient deviner des décisions en préparation. Le 10 mars 1964, il est fait mention d'un discours télévisé de Christian Fouchet qui annonçait une réforme de l'université : « que la prestigieuse université française, secouée par la magnifique vague de jeunesse qui déferle vers elle en faisant tout éclater sur son passage, ait impérativement besoin de rajeunir dans ses méthodes, dans ses structures et dans ses installations, est un fait évident. Il se trouve d'ailleurs que l'on s'en soit préoccupé depuis quelques années ».

Coup de chapeau à l'université « prestigieuse » alors qu'on la considère bien plutôt comme sclérosée, « magnifique vague de jeunesse » que la plupart (mais pas lui) redoute, parce qu'elle « fait tout éclater sur son passage », propos prémonitoires à quatre ans près.

Le numéro de la revue du 15 octobre 1964 rapporte les propos tenus par le ministre aux inspecteurs généraux : « le supérieur comportera trois cycles. La conséquence est qu'il faut orienter ailleurs que vers les facultés les étudiants qui ne sont pas doués pour les études supérieures abstraites et qui dans le système actuel ne parviennent pas à franchir la barrière de la propédeutique ». D'où les instituts de formation des techniciens supérieurs qui font l'objet d'un travail d'une commission spéciale.

P. Laurent confirme la création des trois voies de l'enseignement supérieur (*Éducation Nationale* du 29 octobre 1964). À partir de 1965, les informations sont plus fréquentes et traitent de l'existence et de la composition de la Commission des IFTS, de son rythme de travail (trois séances par semaine), de la réforme de l'organisation du ministère qui met en première place la direction des enseignements supérieurs. L'enseignement technique supérieur est intégré dans cette direction.

La revue mentionne le 19 décembre 1965 que le Conseil supérieur a repoussé par 27 voix contre 10 et une abstention le projet de décret sur les IUT.

Le communiqué de la FEN du 30 novembre 1965 reprend dans l'ensemble les arguments du Syndicat national de l'enseignement technique (SNET) (qui n'était pas encore fusionné avec le syndicat national de l'enseignement secondaire) : le développement des enseignements techniques supérieurs est une revendication ancienne de la FEN : les créations des sections de techniciens supérieurs des lycées techniques ont été freinées par une politique malthusienne. En outre, aucune information générale n'est donnée sur la réforme de l'enseignement supérieur sur laquelle le Conseil n'est pas consulté. La motion de la Commission administrative du SNET est plus explicite : les lycées techniques ont fait de gros efforts pour développer une formation à la fois culturelle et professionnelle alors que le gouvernement laisse penser qu'il innove par une nouvelle formation technique supérieure. Le développement de l'enseignement du second degré est un préalable. La motion énonce ensuite les conditions auxquelles doivent répondre les instituts : autonomie, direction exclusive par des universitaires, durée de scolarité de trois ans, statuts des personnels assurant l'intégration des personnels en service dans les sections de techniciens supérieurs, aides sociales aux étudiants, maintien sur longue durée des sections de techniciens supérieurs actuelles. Un paragraphe particulier concerne la reconnaissance du titre de technicien supérieur dans les conventions collectives.

Des craintes sont d'autre part émises sur un objectif de « dérivation des flux » et de mainmise du patronat sur les instituts. Le Syndicat national de l'enseignement supérieur (SNESUP), dans son congrès du 22 au

24 avril 1966, s'est déclaré hostile à la réforme actuelle de l'enseignement supérieur, mais juge « dangereux et inutile de proposer un contre-plan d'ensemble ». Les conditions économiques et politiques ne sont pas remplies actuellement pour réaliser une réforme de l'enseignement supérieur qui soit une réforme démocratique[1].

On retrouve ainsi l'ensemble des appréhensions, des rancœurs et des revendications :

- craintes d'une subordination de l'enseignement au patronat,
- rancœurs : c'est un peu une « captation » par le monde de l'enseignement supérieur d'une activité de l'enseignement technique, et même de la plus valorisante,
- revendication néanmoins : le discours semble accepter le fait accompli à condition que certaines garanties soient mises en place, parmi lesquelles la sauvegarde et la promotion du personnel en fonction.

Qui plus est, le SNET prend son parti de la disparition à terme des STS dont il ne demande le maintien qu'à titre transitoire, alors que, on le saura plus tard, les sections de techniciens supérieurs des lycées ont prospéré de plus belle. Le syndicat général de l'Éducation nationale (SGEN-CFDT) a approuvé la création des IUT[2].

En définitive, une attitude ambiguë de faible résistance contre une décision qu'il est difficile de contester avec quelques chances de succès et défense de situations acquises. Le personnel voyait sans doute aussi des avantages possibles de carrière dans cette innovation.

Le Gouvernement étant passé outre à l'avis purement consultatif du Conseil supérieur, il restait à faire la publicité des IUT et à mettre en œuvre les premières réalisations. En dehors des milieux ministériels et des états-majors syndicaux, les attitudes étaient ambivalentes : dans les milieux de l'enseignement technique, il y avait des regrets à la perspective de voir disparaître les STS. Mais le milieu n'était pas homogène : on savait que l'enseignement technique n'avait pas été totalement à la hauteur de sa tâche : les techniciens supérieurs en fonctions étaient très peu diplômés : les 60-64 ans dessinateurs, agents de maîtrise, techniciens

---

1 *L'Éducation Nationale* n° 789 du 5 mai 1966.

2 Singer, Madeleine, *Le SGEN des origines à nos jours*, CERF, 1993, p. 152.

étaient pour 75 à 85 % sans diplômes[1]. Au sein de l'enseignement technique, on déplorait la faible attractivité de ce dernier parmi les élèves et les parents, qui préféraient une filière conduisant au baccalauréat. Un des remèdes préconisés était de remplacer le brevet de technicien par un baccalauréat. Les techniciens supérieurs eux-mêmes devraient recevoir la qualité d'ingénieurs-techniciens[2]. Par la suite, les réflexions syndicales ont montré que les organisations représentatives du personnel acceptaient les IUT et les intégraient dans leur stratégie. C'est ainsi que le SNESUP reconnaissait que la création des IUT a accéléré le processus de prise de conscience de la nécessité de la finalité professionnelle de tout cursus universitaire mais en défendant des niveaux de qualification différents de ceux retenus par le ministère : ingénieurs techniciens (bac +2 +1), ingénieurs d'université (bac +4 +1), docteurs (bac +4 +3), et en imaginant des systèmes de passerelles entre les formations. Les IUT assureraient la formation des ingénieurs techniciens[3].

Dans les établissements de l'Enseignement supérieur, l'accueil n'a pas été partout positif. La hiérarchie a pu craindre que les nouvelles modalités de nomination du personnel des IUT, qui donnaient des droits importants au directeur, ne dérèglent les procédures d'affectation des enseignants dans les facultés. Dans certaines écoles d'ingénieurs en outre, l'adjonction de formations de techniciens était mal accueillie. À l'INSA de Lyon, les élèves ont déclenché une grève contre le projet d'introduire une formation de techniciens à côté de la formation d'ingénieurs, craignant une dévalorisation de l'ensemble de l'établissement[4].

Il restait à assurer l'information sur la réforme. Pierre Laurent entreprit cette campagne de communication, à l'occasion d'un dîner-rencontre avec l'Association des cadres dirigeants de l'industrie pour le progrès social et économique (ACADI). Il replaçait la création des IUT dans le cadre plus large des nouveaux principes d'organisation du système éducatif déjà appliqué dans le second degré : l'orientation positive se distingue de la sélection, la réforme se traduit par une diversification des objectifs et des pédagogies, l'université s'ouvre au monde qui l'entoure, sans verser

1 Exposé de Yves Legoux, CNRS-CERDET, *L'Enseignement technique*, 1er trimestre 1965.

2 Déclaration de Pierre Bailly, secrétaire général de la Société Nationale des techniciens supérieurs et des anciens élèves des ENP, *ibid.*

3 Supplément au bulletin n° 86 d'octobre 1973 du SNESUP.

4 Entretien avec Christian Forestier le 19 juin 2012.

dans l'utilitarisme. Ce type de discours se retrouve à de nombreuses reprises dans les prises de parole de Pierre Laurent, par exemple au Conseil économique et social en septembre 1966.

Le ministre parle des IFTS à l'Assemblée nationale et fait part de l'intérêt très vif qu'ils suscitent dans les milieux universitaires[1]. Les responsables de l'Éducation nationale ont donc fait un effort important de communication sur la création des IUT. La rentrée de 1966 est commentée en termes très optimistes par Pierre Aigrain[2]. Alors que la création de 18 sections et de 13 IUT nouveaux est annoncée pour la rentrée 1966, P. Aigrain se félicite que les candidatures soient plus nombreuses que le nombre de places, aussi bien pour les candidatures sur titres que pour les admissions après examen. Le passage en 2e année a été acquis par 80 à 100 % des élèves. La télévision a aussi été mise à contribution à propos des IUT : le 11 février 1966, le journal télévisé de 20 heures a diffusé une séquence de présentation des IUT : le Ve Plan prévoit qu'un étudiant sur quatre sera scolarisé en IUT, d'où la nécessité de créer 125 000 places en cinq ans. Le commentateur mettait en avant que ces étudiants bénéficieraient de tous les avantages des étudiants, notamment des œuvres universitaires, élément qui faisait partie des revendications des élèves des STS auxquelles il n'est fait aucune allusion. Un chef d'entreprise faisait aux étudiants un exposé sur le rôle que joueraient les milieux professionnels dans la formation donnée dans les IUT. Une série de photographies montrait les bâtiments récemment construits, comme ceux de l'IUT de Reims, livré en six mois[3].

En définitive, une fois la décision prise de créer les nouveaux instituts, la définition de leur nature et de leur fonction a été menée rapidement et si les projets du ministère n'ont pas suscité l'enthousiasme, ils n'ont pas rencontré d'hostilité très forte. Pour P. Laurent, qui avait joué un rôle essentiel dans ce projet, c'était un résultat très positif qui affirmait la place qu'il prenait dans le ministère en l'orientant vers une professionnalisation des formations. Ce n'était d'ailleurs qu'un élément de sa stratégie qui concernait aussi la formation professionnelle des adultes objet de la loi du 3 décembre 1966 préparée par Michel Debré, et dont

1 L'*EN* n° 18 du 13 mai 1965.
2 L'*EN* n° 796 du 1er octobre 1966 et 802 du 27 octobre 1966.
3 Archives de l'INA, *fiche 01803*.

le pilotage devait être confié au ministère de l'Éducation nationale, plus précisément au Secrétaire général.

Le développement des IUT n'a pas suivi une progression uniforme. Myriam Baron, dans son étude sur les IUT, distinguera quatre périodes : le développement initial en 1966, une période de stagnation en 1975, une reprise en 1985 avec le passage au ministère de Jean-Pierre Chevènement et la poursuite de l'expansion qui plafonnera en 1993. La courbe des créations de départements fait apparaître, après un étiage en 1999, une nouvelle croissance de 1999 à 2002 (un peu moins de 20 départements créés). Cette périodisation sera reprise dans le présent travail.

LE LANCEMENT DES IUT

Une opération centralisée menée avec détermination

Comme il a été dit plus haut, les quatre premiers instituts ont été mis en place à titre expérimental à la rentrée de 1965 pour créer l'évènement, conformément à une annonce faite par P. Laurent au général de Gaulle. Ils concernaient la chimie à Rouen, l'électrotechnique à Paris, la biologie appliquée à Nancy et le génie civil à Toulouse. M.-Y. Bernard soutient s'être inspiré du précédent des « actions concertées » pratiquées par la direction générale de la recherche scientifique et technique qu'il connaissait bien ainsi que P. Aigrain. Il n'explique pas en quoi consistaient les points communs avec ces actions, sinon sans doute l'urgence des travaux et l'exigence d'interdisciplinarité. Ce fut l'occasion de créer des commissions de spécialité rassemblant des industriels et des professeurs de l'enseignement supérieur et de l'enseignement du second degré, qui deviendront par la suite les commissions pédagogiques nationales. Ces expérimentations ont été rendues possibles par le dévouement de quelques volontaires et par la mise à disposition par l'administration des moyens matériels et financiers. Le procédé est assez bien rôdé qui consiste à rassembler des compétences issues des différents milieux impliqués dans la formation (employeurs, professeurs).

Les années suivantes ont été celles d'un développement rapide du réseau des IUT. Ce mouvement a été mené rondement : en termes de créations d'IUT, la période 1966-1970 a été la plus active[1] : 51 IUT sur les 116 existant actuellement et 201 départements d'IUT sur 668 ont été créés pendant cette période. Il faudra attendre les années 2001 à 2007 pour retrouver un nombre de créations d'IUT d'importance notable. La densité des IUT par académie est mentionnée dans les cartes n° 1 et 2 pour les années 1970 et 2002.

---

1 Les créations d'IUT ont été relevées dans le document de la DGES/Département IVT R 2008, 03/02/2009.

La carte n° 1 fait apparaître que l'effort a porté à l'origine, à doter chaque académie d'un IUT, puis de deux : en 1970, 20 académies avaient un ou deux IUT. 7 seulement avaient 3 ou 4 IUT. En 2002 au contraire, 14 académies avaient 4 IUT ou plus (cf. figure 5 et 6 ci-dessous, p. 88 et 89).

Les archives de l'Éducation nationale, les rapports administratifs et les témoignages apportent des informations sur la période des créations des IUT[1]. L'administration centrale tenait un dossier par académie. On y trouve une brève présentation de l'académie et une liste des établissements du 2nd degré. Les recteurs étaient personnellement impliqués dans les tractations. Dans l'académie, on avait souvent créé une commission ou un organisme de réflexion et de préparation des décisions. Le recteur s'appuyait en général sur l'inspecteur principal de l'enseignement technique, d'une part, et sur un professeur d'université, d'autre part. L'inspecteur général de l'organisation scolaire René Alauzen était chargé d'assurer le contact entre l'administration centrale et le rectorat et de veiller à l'association des collectivités locales au projet. Son rôle a été très important dans la première vague de création des IUT. Les structures et méthodes de l'enseignement supérieur n'étaient pas particulièrement propices au développement d'une nouvelle filière d'organismes dans l'ensemble du territoire : l'administration centrale traitait avec telle faculté ou école d'un problème particulier, et non d'un plan général concernant tout le territoire. Dans les académies, les services affectés à l'enseignement supérieur n'étaient pas dotés de moyens importants et ne disposaient pas nécessairement des compétences appropriées à la gestion de ce genre d'affaires. Par exemple, une lettre de R. Alauzen du 27 juin 1967 au ministre rapporte les propos du recteur de l'académie d'Aix-Marseille qui se sent « abandonné par l'administration centrale ».

René Alauzen, né le 29 janvier 1906 à Saint-Christol-lès-Alès (Gard), fut après une scolarité à l'école normale d'instituteurs du Gard, élève de l'École Normale de l'Enseignement Technique de 1925 à 1927, puis professeur de collège technique, d'école nationale professionnelle et de lycée technique avant d'être promu inspecteur principal de l'enseignement technique à Toulouse de 1945 à 1958, puis inspecteur général de l'enseignement technique (groupe des disciplines industrielles) de 1958 à 1974. Il a fait partie du groupe des constructions scolaires et du groupe de l'organisation

1 *AN*, F17 bis, 820129.

scolaire. Ce groupe était précisément chargé, dans le second degré, d'œuvrer à la carte scolaire. De 1966 à 1974, il fut chargé des relations entre les services ministériels et rectoraux en vue de faciliter les procédures entre toutes les parties prenantes à la création des IUT. L'appel à un inspecteur général de l'enseignement technique du second degré, pour développer un système concurrent dans l'enseignement supérieur a un aspect quelque peu inattendu, qui peut manifester l'embarras de l'administration dans l'opération et montrer aussi que les animosités corporatives n'étaient pas aussi vives qu'on pourrait le penser. À sa retraite, en 1974, il fut remplacé par l'inspecteur général Pajot.

Pour donner un exemple des procédures suivies, dans l'académie d'Amiens, le Recteur Mallet a mis en place une commission rectorale pour estimer les besoins en cadres. En faisaient partie l'inspecteur principal de l'enseignement technique et un universitaire de discipline scientifique, un représentant du Préfet de Région et quatre membres par département de l'académie (conseillers généraux, membres du Comité d'Expansion, Syndicat des entrepreneurs, etc.). Le rapport a été fait par la Chambre de Commerce et d'Industrie de l'Aisne.

R. Alauzen a rendu compte d'une visite le 24 mai 1967 dans l'académie d'Amiens. Il mentionnait l'ouverture à la rentrée de 1966 de quatre départements, deux du secteur industriel et deux du secteur tertiaire. On note les interventions de parlementaires en faveur de telle ou telle localité. M. Quentier, député de l'Oise, plaidait pour le site de Creil, le ministre ne dit pas non, mais fait observer qu'il existe à Creil de nombreuses sections de techniciens supérieurs (Creil étant le siège d'une importante École nationale professionnelle). Le député-maire de la Fère a plaidé pour le complexe de Chauny-Tergnier-La Fère. B. Debette, inspecteur général de l'enseignement technique honoraire, était à l'époque chef de travaux de l'École nationale professionnelle de Creil (Oise). Il a assisté à une réunion à laquelle participaient Jean-Claude Salomon et Jean Ferrez, fonctionnaires de l'administration centrale, et le directeur de l'IUT. Il avait préparé soigneusement cette réunion pour montrer la richesse des ressources en formation que constituait l'ENP de Creil[1], et en particulier la complémentarité existant entre toutes les sections. Cette argumentation a sans doute été convaincante puisque l'ENP n'a pas été supprimée malgré la création de l'IUT.

1 Entretien avec B. Debette le 16 décembre 2009.

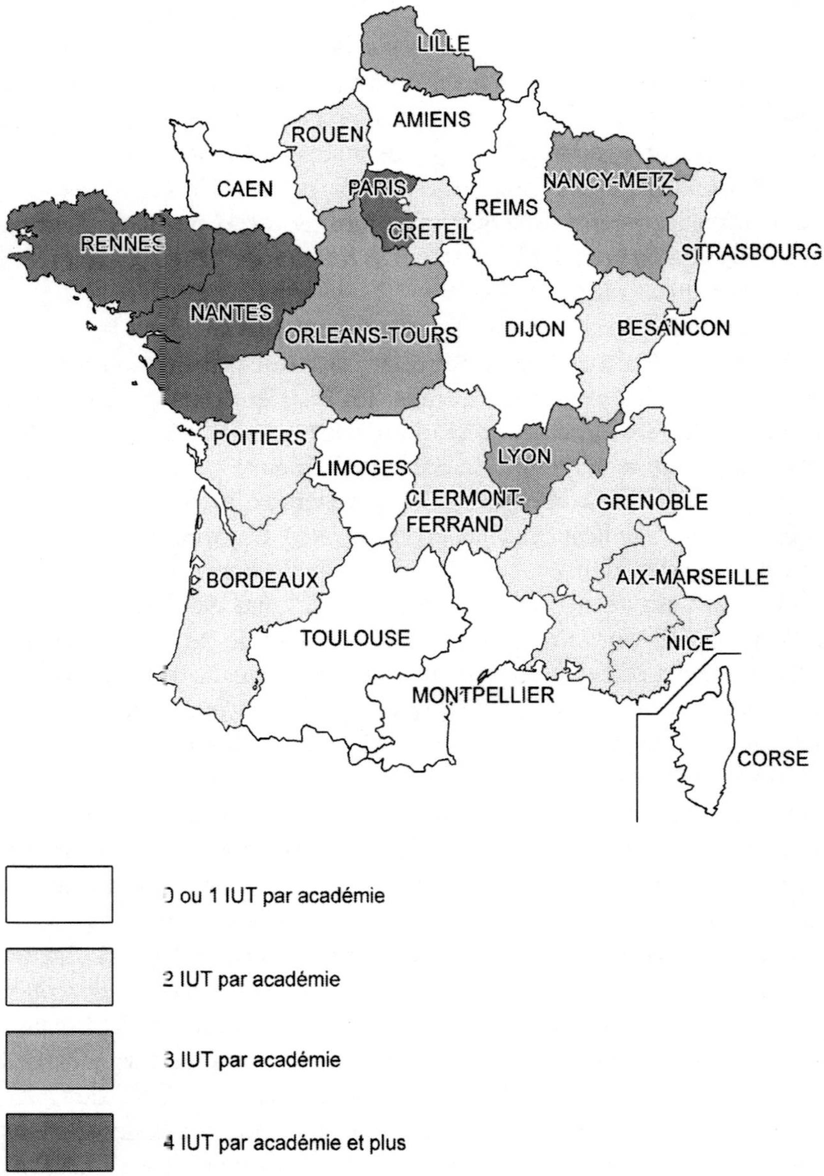

FIG. 5 – Nombre d'IUT en 1970.

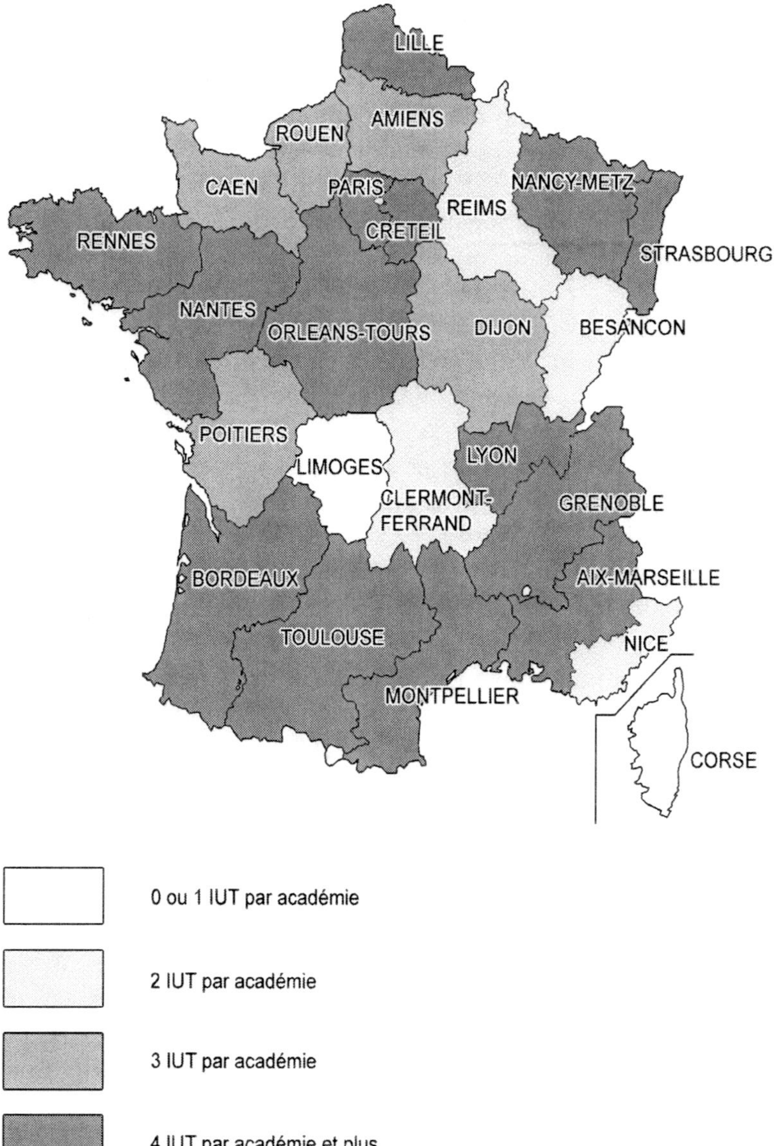

FIG. 6 – Nombre d'IUT en 2002.

Dans l'académie de Besançon, le recteur était assisté, pour une ouverture en 1967, par le professeur d'université Chabat, conseiller académique pour les enseignements supérieurs de technologie. Besançon étant traité à part, un choix difficile devait être fait entre Belfort et Montbéliard. Belfort pouvait se prévaloir de la disponibilité d'un terrain, de la justification économique que procurent deux entreprises importantes, Bull et Alsthom, de l'existence d'un bon environnement scolaire : un lycée technique, une école nationale d'ingénieurs de 240 élèves, mais aussi d'une section de techniciens supérieurs. Montbéliard disposait aussi d'un terrain, se prévalait de la présence de l'entreprise Peugeot mais aussi d'une STS dont la disparition serait regrettée.

Le rapport conclut à une préférence en faveur de Montbéliard. Mais une note de René Alauzen, à la suite d'une visite du 15 juillet 1967, mentionne que c'est Belfort qui a été choisi. Les motivations du choix n'apparaissent pas dans le dossier. Les tâches sont ensuite réparties : au maire de réaliser les acquisitions immobilières, au recteur de faire le programme de l'IUT à construire, de prévoir le volume des résidences universitaires, de faire le programme des équipements sportifs et de proposer le programme des deux sections de génie mécanique et d'une de technique de commercialisation. Dans les statistiques, les sections de génie mécanique sont mentionnées comme créées en 1968, mais celle de techniques de commercialisation n'apparaît seulement qu'en 1993. À Montbéliard, des sections de l'IUT de Belfort ont été créées à partir de 1991. Les influences politiques ont donc sans doute joué pour privilégier Belfort qui a eu un maire gaulliste à l'époque, Jean Bailly, alors que le dossier de Montbéliard était soutenu par André Boulloche, député FGDS, puis socialiste.

Dans l'académie de Lyon, l'Inspecteur général Alauzen a fait une visite le 7 février 1968. Le projet était de réaliser un IUT et un centre d'études et de recherche à proximité de l'INSA. Une commission régionale d'étude des enseignements techniques supérieurs s'était réunie le 30 janvier 1967. Elle s'était prononcée pour un ou deux départements de construction mécanique, un département d'énergétique, un de chimie et un du secteur tertiaire.

À Saint-Étienne étaient envisagés deux départements d'électrotechnique et d'automatisme, un de construction mécanique et deux de gestion des entreprises. Ces sections seront ouvertes en 1967.

Dans la ville de Lyon, des difficultés sont nées à propos des emplacements disponibles ; il existait déjà un groupe d'enseignement technique (GET) relevant de l'enseignement technique, très bien coté et jugé nécessaire. L'emplacement qu'il occupait à Villeurbanne aurait bien convenu pour installer l'IUT. Il a été envisagé de déplacer le GET. Trois dossiers furent retenus, rue de France à Villeurbanne, à Lyon II la Doua et à Écully (Lyon III). Finalement, en 1967, ont été créées pour ce seul IUT deux sections de génie biologique, deux de chimie, deux de génie électrique et informatique industrielle, deux de génie mécanique et productique (Lyon I) ; en 1968, deux d'informatique et trois de gestion des entreprises (Lyon I) ; en 1969, deux de génie civil (Lyon I).

Le dossier ne permet pas de suivre les péripéties qui ont conduit à cette configuration. Mais on note toutefois la concurrence entre IUT et enseignement technique, qui n'est pas, localement, considéré comme obsolète, concurrence qui va même jusqu'à mettre en cause la disposition des terrains et des locaux.

Dans l'académie de Clermont-Ferrand, où le Recteur Étienne Lapalus était assisté du professeur René Saurel et de l'Inspecteur principal de l'Enseignement technique (IPET), un avis a été demandé le 24 novembre 1967 au Comité régional de la formation professionnelle, de la promotion sociale et de l'emploi sur la nature des formations à proposer dans les IUT. Une commission consultative a été créée et a proposé huit types de sections. Le ministère a retenu en 1968 les sections « biologie appliquée » et « mesures physiques », puis « informatique » mais a écarté les projets concernant la construction mécanique et l'électrotechnique qui correspondaient à des sections de techniciens supérieurs du lycée technique. L'administration ménageait donc en l'occurrence, l'enseignement traditionnel et s'efforçait de coordonner les deux systèmes.

Dans la même académie, à Montluçon existait depuis 1948 une École nationale de l'Enseignement technique (ENET), regroupant une École nationale professionnelle (ENP), un collège technique de garçons, et deux centres d'apprentissage. Elle a fait place en 1960 à un lycée d'État. Le député-maire, professeur au lycée, avait depuis des années entrepris des démarches pour que soit ouvert à Montluçon un collège scientifique universitaire dispensant des formations de premier cycle universitaire. Le recteur et le doyen de la faculté des sciences avaient donné leur accord, mais en 1966, aucune décision n'avait été prise. C'est dans ce contexte qu'est intervenu le projet de création d'un IUT. Le préfet de région a annoncé en 1966 le projet d'ouverture d'un département de construction mécanique avec hébergement provisoire au lycée technique, dans le cadre du Ve Plan. Une réunion s'est tenue sous la présidence du recteur avec le maire et le directeur du lycée technique. Pour la construction comprenant les locaux d'enseignement (dont un amphithéâtre de 150 places), un restaurant, une résidence universitaire de 400 lits, le terrain a été fourni par la ville. Un CES et un ensemble sportif ont été inclus dans les emprises. Pour la maîtrise d'ouvrage, la tâche a été partagée entre le rectorat pour l'IUT, et l'Office d'HLM pour la résidence universitaire. Les travaux ont été réalisés en quelques mois selon des plans-types nationaux. La première rentrée a eu lieu en 1968.

Ainsi apparait un des rôles que les IUT ont eu à assumer tout au long de leur existence : être l'enjeu de l'accès des villes moyennes au statut de ville universitaire. À Montluçon, en l'occurrence, l'IUT a été la deuxième carte de la ville, après l'insuccès de la tentative de fondation d'un collège universitaire. Les interrogations sur la meilleure desserte du territoire existaient en effet déjà lors de la création des IUT. Elles interféraient avec le problème de l'accueil des étudiants toujours plus nombreux. Une des solutions répondant aux deux problèmes était de créer des collèges ou des centres universitaires dans des villes non sièges d'université. Ce fut un premier moyen de faire face à l'accroissement des effectifs comme il a été déjà mentionné plus haut à propos de la situation de Montluçon. Le risque était que ce ne soit qu'un report du problème : les centres universitaires aspiraient à devenir universités.

À l'époque, il n'y avait pas de problème de rattachement à une université, l'académie de Clermont-Ferrand n'en comprenant qu'une. Par la suite, des incompatibilités ayant conduit en 1976 à une partition de l'université en Clermont-I, dite « d'Auvergne » (médecine et droit) et Clermont II « Blaise Pascal » (lettres et sciences), les deux IUT de l'académie ont été rattachés, celui de Clermont à Clermont I, et celui de Montluçon à Clermont II.

Toujours dans l'académie de Clermont-Ferrand, des demandes ont été faites à plusieurs reprises par la ville de Vichy en faveur de la création de sections tertiaires. Mais ce n'est que tardivement, en 2001, que des sections ont été ouvertes dans cette ville dans la spécialité de services et réseaux de communication et seulement par rattachement à l'IUT à Montluçon. En l'occurrence, le ministère s'efforçait donc de freiner l'appétit des villes moyennes.

Dans l'académie de Dijon, les créations de sections dans la capitale régionale ne semblent pas avoir posé de problèmes particuliers. L'IUT a été créé en 1968 avec sept types de sections. Dès 1970, on a discuté du projet du Creusot qui s'est réalisé en 1975. On envisageait un IUT de 900 étudiants. L'industrie s'engageait à fournir des formateurs. Les réalisations se sont fait attendre malgré les interventions de Philippe Malaud, plusieurs fois secrétaire d'État, après avoir été en 1968 député de Saône-et-Loire. Il insistait pour un démarrage en 1971, mais le ministère estimait qu'il devait faire, à cette époque, une pause dans le développement des IUT.

Dans cette même académie, on peut noter l'échec de la création d'un IUT à Nevers. Le 20 mars 1970, une réunion s'est tenue à propos de la création d'un IUT, dans le quartier de la Baratte. Les projets concernaient la chimie du caoutchouc et des matières plastiques, l'électrotechnique, l'administration et la gestion. De sérieuses objections ont été faites et ont fini par l'emporter. Elles concernaient essentiellement le recrutement du personnel enseignant. Il n'existait pas d'implantation universitaire à proximité et, de ce fait, le personnel enseignant universitaire aurait dû venir s'installer dans la ville, ce qui paraissait difficilement envisageable. Le manque de personnel pouvait aussi toucher les enseignants du second degré.

Une implantation d'IUT a par la suite fonctionné à Nevers de 1995 à 2006, dans la spécialité de gestion administrative et commerciale. Elle a dû être fermée à cette date, le rectorat ayant ouvert dans la même spécialité[1]des sections de techniciens supérieurs qui ont absorbé le public susceptible de fréquenter les cours de l'IUT. Devant le mutisme d'archives et l'absence de témoignages[2] on demeure dans l'ignorance des raisons de cette situation.

Paris a été un cas particulier, la région parisienne ayant été longtemps pauvre en IUT, sans doute par suite de sa situation privilégiée

1 Entretien avec M. Grenard, Marcel, directeur de l'IUT de Dijon le 21 février 2011.

2 Les archives de la Côte d'Or et de la Nièvre n'ont pas révélé de trace de discussions ou négociations.

en structures d'accueil universitaires classiques. Le premier directeur de l'IUT de Paris, IUT qui fut longtemps le seul, a témoigné oralement de cette opération[1]. Jacques Ménier, ancien élève de l'ENA et terminant ses fonctions de directeur-adjoint des études de l'ENA, se cherchait une nouvelle affectation. Son camarade de promotion Jean-Claude Salomon, qui était en charge des IUT au ministère de l'Éducation nationale lui a proposé un emploi de professeur-associé à l'IUT de Paris dont la création était prévue, emploi qu'il a accepté, et qui s'est révélé être l'emploi de directeur. Le choix avait déjà été fait d'un IUT tertiaire. J. Ménier a obtenu le rattachement de l'IUT à l'université de Paris V. Le rectorat et le ministère prenaient en charge les problèmes de locaux, mais encore fallait-il les trouver ou trouver l'endroit de leur construction. Une première implantation a été envisagée sur un terrain situé boulevard de Grenelle, près de la Tour Eiffel, un second projet a été envisagé à Boulogne-Billancourt dans une ancienne blanchisserie, et finalement le choix s'est porté sur une construction avenue de Versailles, où serait également construite une école maternelle. C'est cette solution qui a été adoptée. Un problème grave fut l'absence de restaurant universitaire. Le rectorat a imaginé d'envoyer les étudiants déjeuner au restaurant universitaire de Grand Palais. Mais cette solution obligeait à avoir recours à une dizaine d'autobus qui créaient des embarras de circulation. Finalement, ce furent les repas qui furent transportés. Par la suite, J. Ménier a été appelé à contribuer à la création de l'IUT de Saint-Denis, à vocation industrielle, ouvert en 1968. L'expérience de Jacques Ménier permet de passer de la question des procédures à celle du choix des personnes : ici, c'était un haut fonctionnaire qui apportait son expérience déjà orientée vers les problèmes de formation. D'autres témoignages apportent des éclairages différents.

Certains enseignants avaient déjà une carrière dans le second degré avant de passer dans le supérieur : les ordres d'enseignement n'étaient pas hermétiquement séparés. Par exemple, Hubert Coudanne[2], maître-assistant à la faculté d'Orsay, après une agrégation, une thèse de chimie et des fonctions de professeur à l'École de chimie et de physique industrielles de la ville de Paris, avant de devenir par la suite professeur d'université,

---

1 Entretien avec Jacques Ménier, conseiller maître honoraire de la Cour des Comptes, le 24 mars 2011.

2 Entretien du 21 novembre 2011.

a été mis à contribution pour réfléchir à ce que pourrait être un IUT, en l'occurrence celui d'Orsay, et notamment une section chimie.

Il a été choisi pour cette tâche parce qu'il avait exercé dans l'enseignement technique, et notamment dans une section de techniciens supérieurs de lycée technique, rue du Banquier à Paris. Ainsi se faisait le transfert de compétence entre l'enseignement technique et l'enseignement supérieur. L'enseignement technique n'était donc pas jugé aussi suranné qu'on pourrait le penser à la lecture des écrits de M.-Y. Bernard. Hubert Coudanne a exercé en IUT mais n'a jamais voulu, pour des raisons personnelles, y assurer une fonction hiérarchique. Maître-assistant auprès du professeur P. Fréon en chimie organique, il a obtenu facilement de ce dernier le droit d'utiliser les laboratoires et les amphithéâtres pour l'IUT. L'accueil de cette nouvelle formation a été dans l'ensemble favorable à la faculté d'Orsay. Seul un professeur a fait du mauvais esprit en lui demandant ce qu'il comptait faire de ses « plombiers supérieurs ». Il n'est pas indifférent de mentionner que Hubert Coudanne avait été militant du syndicat national de l'enseignement technique à l'ENSET, animateur de la section syndicale de l'École nationale professionnelle de Creil, un des établissements emblématiques de l'enseignement technique « traditionnel », et qu'après s'être donné pleinement pour la réussite de l'IUT, il devint doyen de l'UER de chimie d'Orsay en 1980, président de l'université de Paris Sud de 1983 à 1990, et en outre vice-président de la Conférence des présidents d'université de 1986 à 1987.

Un autre exemple de passage de l'enseignement technique aux IUT est celui de Gilbert Bodez[1]. Professeur technique adjoint de génie mécanique de 1952 à 1959 au collège d'enseignement technique de Verdun, après avoir été formé à l'école d'apprentissage de l'entreprise Solvay et avoir travaillé dans diverses entreprises. Professeur à l'École nationale professionnelle de Nancy, il a été un des collaborateurs de Bertrand Schwartz à l'école des mines de Nancy. C'est dans ces fonctions qu'il a eu connaissance du projet des IUT ; il a été invité en 1965 à un entretien de deux heures entre Bertrand Schwartz et Michel-Yves Bernard sur ce que pourrait être une formation universitaire de technicien supérieur en deux ans. Lorsque l'IUT de Nancy a été créé, il y

1 Entretien du 7 décembre 2011.

a exercé de 1967 à 1988 comme professeur technique dans la section de génie mécanique, assurant la gestion de l'atelier et des stages. C'est un second exemple de prélèvement sur l'enseignement technique au profit des IUT, qui s'est réalisé sans difficultés particulières. Dans ce cas encore, c'est un syndicaliste convaincu du syndicat national de l'enseignement technique, secrétaire de la section syndicale de l'École nationale professionnelle de Nancy, puis de la section régionale du SNET, appartenant à la tendance qui passait pour proche du parti communiste, qui est devenu un des piliers des IUT. Il a ajouté à ces fonctions celle de membre de la commission pédagogique provisoire des IUT pour le génie mécanique, nommé par décision de Pierre Laurent en 1965. Il a continué ses fonctions dans la même commission lorsqu'elle a été rendue permanente, jusqu'en 1987.

En définitive, lorsque la décision de créer les IUT a été prise, il a fallu improviser la constitution de ces nouvelles structures pédagogiques ; ceci a demandé, de la part de l'administration centrale, qui a été réorganisée à cette fin, et de la part de l'administration académique avec l'aide des corps d'inspection, un effort d'adaptation, et même d'invention, qui a été mené rapidement et convenablement, sous réserve des critiques qui seront faites par les organismes de contrôles et qui seront examinées plus loin.

Les compétences de l'enseignement technique ont été mises à profit au bénéfice des nouvelles institutions sans qu'il en ait résulté des conflits. Les recteurs se sont impliqués avec l'appui des inspecteurs principaux de l'enseignement technique et de professeurs des universités volontaires, et en faisant appel aux organismes consultatifs existants ou des commissions créées pour la circonstance. La présence d'un inspecteur général chargé de la coordination et de la marche de l'opération et lui-même issu de l'enseignement technique « traditionnel » a largement facilité la réalisation.

Quant aux bâtiments, selon le rapport de l'organisme dit « Article 35[1] », un effort de création important a été réalisé : fin 1968, plus de la moitié

1 Rapport général relatif aux IUT, présenté par l'organisme consultatif « article35 » 1965-1968-IPN-SEVPEN – Direction des Enseignements supérieurs. L'organisme dit « article 35 » est défini par ledit article du décret n° 65-1053 du 19 novembre 1965 relatif au Conseil supérieur de l'Éducation nationale et ainsi rédigé : « pendant une période de 5 ans au plus à compter de la publication du présent décret, les compétences dévolues

des départements fonctionnaient dans des locaux neufs, dont les équipements avaient été choisis par des sous-commissions de l'assemblée des directeurs d'instituts universitaires de technologie en se référant aux programmes des commissions pédagogiques nationales (CPN). En 1968, chaque académie avait au moins un IUT.

Les IUT ont été avec, à une moindre mesure, les résidences universitaires, le point d'application principal de l'industrialisation du bâtiment dans les enseignements supérieurs. L'industrialisation du bâtiment est une idée qui avait émergé dans l'entre-deux guerres. Elle avait été reprise en 1943 par le comité d'organisation du BTP et ravivée lors de la libération à la suite des missions de techniciens aux États Unis d'Amérique et relancée par Eugène Claudius-Petit, ministre de la Construction et de l'Urbanisme. Encouragé par les travaux du Centre scientifique et technique du bâtiment (CSTB) dans les années 1950 ont été créés un secteur d'industrialisation (loi du 24 mai 1959) puis un secteur économie de main-d'œuvre spécialisée (1956). On a distingué préfabrication légère et préfabrication lourde (très gros éléments à poser avec un matériel spécial). Les résultats ont été intéressants sur les prix, de 10 à 20 fois moins élevés que par les procédés traditionnels, mais plus contestables dans les domaines de la qualité.

Dans les années 1963-1964 est apparu un secteur des constructions industrialisées légères dans les constructions scolaires. C'est à cette période que correspond la construction des IUT. Dans les enseignements supérieurs on a fait usage de l'industrialisation ouverte, dans laquelle on laissait la liberté de composition aux architectes en utilisant des éléments standardisés. La procédure a consisté pour le Ministre à lancer chaque année un concours national pour proposer des produits correspondant aux exigences techniques posées pour un département de chaque spécialité et aussi pour le bloc central (savoirs communs et amphithéâtres). Les recteurs aidés des spécialistes choisissaient ensuite les éléments qui convenaient parmi les programmes existants. Des gains de temps appréciables étaient obtenus. Le tableau suivant donne les éléments chiffrés sur les réalisations :

---

aux conseils d'enseignement pourront, en ce qui concerne les enseignements techniques supérieurs, être exercées par un organisme consultatif distinct comprenant notamment des membres desdits conseils et des personnalités qualifiées. La composition de cet organisme sera fixée par arrêté du Ministre de l'Éducation nationale ».

	1965	1966	1967	1968
Nombre d'IUT			6	20
Surface bâtie corrigée			9 000 m²	30 000m²
Chambres d'étudiants	4 500	3 300	5 100	7 000
Part des constructions industrialisées dans le total des engagements financiers intervenus au titre des travaux neufs de constructions universitaires	10 %	7,5 %	18 %	38 %

FIG. 7 – Constructions industrialisées. Source : S. Duhamel et P. Segaud, *Les constructions scolaires et universitaires*, Paris, Berger-Levrault, 1969.

L'ensemble des travaux était à la charge de l'État sous réserve de la prise en charge traditionnelle de la fourniture ou de l'acquisition des terrains par la Ville s'il s'agissait de la première implantation universitaire de la Ville. Il fallait compter 18m² par étudiant « littéraire » ou « juriste », et 39m² pour un étudiant de spécialité « secondaire » pour une résidence universitaire, on comptait 25m² par chambre.

Les crédits ont été mis en place rapidement : 39,17 MF en 1966, 158,44 MF en 1967 et 281,76 MF en 1968.

Les enseignants ont été accueillis dans des emplois budgétaires créés en 1967 et 1968 : 976 postes de personnels de l'enseignement supérieur dont 18 de professeurs et 152 de maîtres de conférences et 627 postes de personnel de l'enseignement secondaire et technique. Pour le recrutement des spécialistes des entreprises, le ministère a diffusé une liste des responsables professionnels susceptibles de faciliter les contacts. La règle des trois tiers (supérieur, second degré, professionnels) n'a toutefois pas pu être respectée : la part des heures d'enseignement confiées aux professionnels n'a pas été supérieure à 17,6 %.

On a regretté le manque de candidats pour enseigner l'informatique et le génie civil, et la disparité des obligations de services entre personnel enseignant du second degré et personnel enseignant du supérieur.

La définition des spécialités a été élaborée par des groupes de travail, qui sont devenus des commissions pédagogiques provisoires. Douze spécialités ont été d'abord définies. Les commissions pédagogiques ont aussi diffusé des recommandations sur l'organisation des cours et des groupes d'élèves, sur la validation par contrôle continu et organisé des colloques par l'intermédiaire de l'Institut national de formation des adultes de Nancy.

Ces groupes, puis commissions, ont tenu compte des observations faites dans les départements d'IUT en fonctionnement et ont ainsi parfois fait modifier l'appellation des départements. Les travaux des commissions ont été soumis à l'organisme « Article 35 » qui les a entérinés et a donné aux commissions provisoires un caractère définitif. Une relation est établie entre les chefs de départements qui font un rapport chaque année à la commission, laquelle peut demander des modifications de programmes ou conseiller des aménagements. Les commissions peuvent se rendre dans les départements. Des colloques dans certaines disciplines ont été organisés à l'Institut national de la formation des adultes à Nancy. Les auteurs du rapport se félicitent de la bonne répartition du recrutement entre titulaires du baccalauréat et titulaires du brevet de technicien (4 000 pour chaque catégorie) mais on évoque la crainte que, par la suite, la ponction sur les bacheliers techniciens, peu nombreux, n'obère les prises de fonctions de techniciens dont on a un besoin impérieux et qu'on n'offre aux futurs titulaires de DUT que des emplois de techniciens.

LA CROISSANCE ET LES CRITIQUES 1966-1975

Après la création des quatre IUT expérimentaux de 1966, les créations de départements d'IUT ont évolué comme suit :

Effectifs cumulés de départements		
	Créations	**Cumul**
1966	22	22
1967	46	68
1968	68	134
1969	35	169
1970	34	203
1971	19	222
1972	16	238
1973	13	251
1974	11	262
1975	4	266

FIG. 8 – Création de départements d'IUT de 1966 à 1975.
Source : Thèse Michel Bernard, *op. cit.*

Ce tableau fait apparaître une période faste qui a duré jusqu'en 1970, puis une période de plus faible activité de création jusqu'en 1975. À ce moment s'est produite une crise de confiance dans la nouvelle formation.

Au cours des années 1970 à 1975, le rythme de création des IUT s'est beaucoup ralenti : de 16 en 1968, il est passé à 1 en 1969, 9 en 1970, puis à quelques unités par an : 21 de 1969 à 1976. Au total, il y avait 66 IUT en 1976. Il convient de nuancer les conséquences de ce ralentissement des créations de départements : si le milieu des années 1970 a été une période de cessation des créations donc de stabilité des capacités d'accueil, pour autant les effectifs accueillis n'ont pas cessé de croitre : 24 195 en 1970-1971, 45 526 en 1975-1976, 53 826 en 1980-1981[1]. Il y a eu en effet comblement progressif des places disponibles par accueil d'étudiants supplémentaires. Le rapport de l'IGAEN de 1972 faisait en effet apparaitre des surcapacités en surfaces : dans les années 1971-1972 les moyens d'accueil permettaient de recevoir 40 211 étudiants mais les effectifs réels n'étaient que de 31 909.

Pour comprendre les facteurs de cette évolution, on peut noter que le ralentissement de l'expansion des IUT commence avec l'année 1969 : les troubles de l'année 1968 ont conduit à considérer les problèmes universitaires sous l'angle principal de l'ordre public et de l'organisation générale des enseignements supérieurs.

Par ailleurs, ces évènements se sont accompagnés de changements dans le personnel dirigeant : en désaccord avec le ministre Alain Peyrefitte, Pierre Laurent, qui avait porté le projet d'IUT et qui avait manifesté son intention de quitter son poste bien avant l'arrivée d'Edgar Faure rue de Grenelle, mais pourtant sans le faire pour maintenir la présence de l'État, a quitté le ministère en juillet 1968. Il est probable qu'occupé à entretenir le lien avec les recteurs pendant les évènements, il n'a plus eu le temps de s'intéresser aux IUT. Pierre Aigrain, directeur des enseignements supérieurs, a quitté le ministère en 1967, de même que M.-Y Bernard en 1970[2]. Quant à Christian Fouchet, il est devenu ministre de l'Intérieur le 6 avril 1967. Les personnages tutélaires des IUT n'étaient donc plus disponibles pour veiller sur eux, et les fonctionnaires, si attentifs fussent-ils, étaient accaparés par le suivi des évènements. La loi Edgar Faure a pourtant fait un sort favorable aux IUT parmi les unités d'enseignement et de recherche : ils appartiendront au premier groupe des unités dérogatoires (article 3 de la loi du 12 novembre 1968, alinéa 1er) avec les IEP, les IAE et les ENSI, c'est-à-dire qu'ils pourront continuer à recevoir un budget fixé par le ministère et non par l'université ; le directeur demeurera nommé par le ministre après avis du conseil d'administration de l'IUT. Ce conseil sera présidé par une personnalité extérieure, et non plus par le recteur comme auparavant. La loi n'a donc pas altéré profondément le dispositif des IUT, et l'a même consolidé

1 Une histoire en chiffres de l'Enseignement supérieur, *op. cit.* p 36.
2 Il est revenu en qualité de conseiller scientifique au Ministère des universités (1975-1978).

en le dotant d'une catégorie nouvelle de dirigeants – les présidents-, qui deviendront rapidement les défenseurs influents de l'originalité des IUT. Les IUT se sont d'ailleurs signalés par le taux de participation des étudiants le plus élevé (77,3 %) aux élections de mars 1969[1].

Néanmoins, la progression des IUT était arrêtée. La priorité était dorénavant la mise en place de la nouvelle loi sur les enseignements supérieurs.

Les réalisations de la période d'installation des IUT ont évidemment attiré l'attention des organismes de contrôle, l'inspection générale de l'administration de l'Éducation nationale et la Cour des comptes. Un groupe de travail de l'Inspection générale de l'administration de l'éducation nationale a fait deux rapports, en 1972 et 1974, signalant notamment l'écart entre le nombre d'étudiants présents et le nombre de places disponibles. Était particulièrement signalée la faiblesse du nombre de candidatures, encore accentuée par la sélection dont elles faisaient l'objet. En 1974, la situation s'était un peu améliorée, mais il y avait encore 17 places pour 10 étudiants et les effets de la sélection affectaient encore 4 800 candidats[2].

Quatre pages du rapport annuel de la Cour des comptes de 1976 étaient consacrées aux IUT. La Cour constatait une insuffisance du recrutement des étudiants par rapport aux moyens mis en œuvre : on aurait vu trop grand et des locaux auraient dû être, selon la Cour, réorientés quant à leur utilisation. Les effectifs étaient stationnaires et même régressaient dans plus de 20 départements. Le rapport critiquait les normes de construction et d'équipements, jugées excessives. Elles n'ont été revues à la baisse qu'en 1971 et 1973, mais 80 % des locaux neufs étaient déjà construits. On payait ainsi une certaine hâte dans la prise des décisions et une insuffisante coordination dans les services de l'administration centrale.

En ce qui concerne les implantations, le rapport critiquait l'absence de carte et de méthode jusqu'en 1971. La dissémination hors des villes universitaires touchait un quart des IUT créés. Il en résultait des excédents d'espaces construits, un manque de personnel universitaire, des résultats insuffisants. Le souci de faciliter l'emploi local et d'aménager le

1 de Chalendar Jacques, *Une loi pour l'université*, Paris, Desclée de Brouwer, 1970.
2 Documents détenus par le secrétariat de l'Inspection générale de l'administration de l'Éducation nationale et de la Recherche.

territoire, symbolisé par la participation de la DATAR au financement comme au Creusot et à Longwy n'a eu que des résultats douteux, mais il s'est traduit par l'installation d'IUT, dans un quart des cas, dans des villes non universitaires, ce qui accroit les coûts : création de locaux, recrutement de personnel et pose des problèmes d'hébergement des étudiants : c'est le début d'une querelle qui durera jusqu'à nos jours. En outre « Le Monde » avait déjà signalé en 1972 les influences politiques, « les parrainages » attribués par l'opinion publique : « IUT Marcellin » à Vannes, « IUT Galley » à Troyes, « IUT Trorial » à Longwy, « IUT Vendroux » à Calais[1].

Les méthodes d'études des dossiers n'ont été établies qu'en 1971, et n'ont pas été correctement appliquées. Le rapport cite des cas d'excédents de capacités créés dans les départements de techniques de commercialisation dans l'Est de la France, de génie électrique dans le Nord, d'informatique un peu partout. Il signale aussi les effets pervers de la recherche d'un effort d'aménagement du territoire qui a conduit à créer des IUT dans des villes non universitaires. Dans ce cas, les surcoûts se cumulent et l'enseignement est plus difficile à organiser du fait de l'éloignement des enseignants, et de la nécessité de construire des capacités d'hébergement. Le rapport mentionnait, en particulier, le cas d'un département unique de génie mécanique à Angoulême, d'un IUT à Troyes dont les deux-tiers des places sont inutilisées. La région parisienne est un cas particulier : des constructions ont été réalisées, mais le souci de décentralisation aurait conduit à limiter le nombre d'instituts. Il est vrai que la région parisienne a été longtemps peu pourvue en IUT.

Il y avait des sous effectifs en informatique, en génie chimique, des restaurants universitaires sous utilisés à la Rochelle. L'IUT de Troyes a eu 1200 places inutilisées occupées finalement par des étudiants de la région parisienne qu'il a fallu loger en construisant 120 chambres et en en réservant 194. Tout un paragraphe est réservé à l'IUT d'Orsay et à ses rapports compliqués avec le Centre d'études nucléaires, une partie des locaux ayant été construite sur le terrain de cet organisme, abandonnée pour d'autres qui se sont révélés disproportionnés.

Un effort de normalisation des méthodes d'études des implantations a bien été effectué. Mais il est vrai qu'il a été tardif, puisqu'il a fallu

1 *Le Monde* du 8 mars 1972.

attendre une circulaire n° 71-156 du 27 avril 1971[1] : la Direction de la prévision a été appelée à étudier les conséquences de l'implantation des IUT sur leur fonctionnement et leur développement ; un groupe de travail inter-directions a étudié cette question et proposé une méthode de choix des implantations et des fiches normalisées d'analyse. Mais 55 IUT étaient déjà en place fin 1970. L'origine de cet essai de normalisation serait une interrogation du ministre (en l'occurrence le secrétaire d'État Pierre Billecocq) sur les incidences des implantations des IUT, sur leur fonctionnement et leurs chances de développement.

Mais la tentative n'est pas allée jusqu'à instituer une carte des IUT, et s'est bornée à reprendre les recommandations du groupe de travail préalable : il n'y avait pas lieu de faire une carte prévisionnelle des IUT : ce serait contraire à la préoccupation de développer la participation active des milieux socio-professionnels locaux. L'objet était seulement de redonner les moyens de classer les projets de manière objective : on respectait ainsi l'initiative des acteurs locaux, mais aussi les possibilités de manœuvre de l'administration centrale dans le choix des projets.

Les projets déjà parvenus au ministère furent renvoyés pour être réétudiés selon la méthode traduite dans des fiches techniques. Ceci laisse penser qu'il n'existait pas jusqu'alors de méthode très fiable et que l'administration avait arrêté et mis en instance les dossiers reçus. Enfin, les constatations du groupe de travail renseignent sur les écueils qui entouraient l'établissement des projets : les IUT de petite taille (deux départements), situés dans des localités isolées, cumulaient les difficultés de recrutement et d'encadrement pédagogique, si bien qu'une différenciation s'instaurait entre deux catégories d'établissements, fondée sur la taille de l'agglomération.

Mention était faite aussi de la ponction que l'IUT opérait sur les effectifs disponibles pour les emplois de niveau IV dans les emplois de techniciens (ce qui aurait justifié une certaine prudence dans le recrutement en IUT des bacheliers technologiques qui normalement alimentaient les emplois de techniciens), l'accroissement des coûts par le faible rendement pédagogique résultant de la qualité insuffisante du recrutement (20 % de perte en cours de scolarité), et des poursuites d'études (20 à 30 % des diplômés), du caractère peu réaliste des espoirs mis dans les effets d'entraînement

1 AN, F17 bis 21804.

économique de la présence des IUT, espoirs qui seront néanmoins, plus tard, un des éléments invoqués en faveur de la dispersion des IUT.

Les effets de la circulaire sur la qualité des travaux de sélection des projets d'IUT ne semblent pas avoir été déterminants. En effet, on relève dans les travaux de la Commission du CNPF-Enseignement-Formation de mars 1990 la demande de création d'un dossier-type de demande de création d'IUT ainsi que d'une instance de coordination entre les commissions professionnelles consultatives (CPC) du second degré et les commissions pédagogiques nationales (CPN) du supérieur[1]. Bref, on voit dès cette époque apparaître presque tous les problèmes qui caractériseront par la suite la vie de la filière IUT. La Cour concluait que l'enseignement supérieur court à vocation technologique n'avait pas totalement répondu aux espérances placées en lui. Elle allait même jusqu'à ajouter le problème de la reconnaissance dans les conventions collectives du DUT, ce qui rejoint les insatisfactions de certains étudiants.

Des malaises se sont en effet révélés dans les populations étudiantes d'IUT au milieu des années 1970[2]. Une grève était organisée chaque année au 2e trimestre universitaire. Les revendications étaient disparates : reconnaissance des DUT dans les conventions collectives, « les patrons hors des facs », « non au contrôle des absences », « non au conditionnement scientifique ». Autant qu'on puisse reconstituer les démarches et les motifs, il semble que les grèves accompagnaient un mouvement plus vaste qui concernait la réforme du second cycle universitaire. Les dossiers du SNES contiennent des tracts des étudiants d'Orsay, suite à la manifestation du 7 juin 1974, qui dénonçaient le contrôle de l'enseignement par le patronat et contestaient l'assertion selon laquelle les IUT déboucheraient facilement sur un emploi ; ils demandaient la reconnaissance des DUT dans les conventions collectives, la définition d'un salaire d'embauche de 2 000 Frs[3], l'accès à la qualité de cadre, les poursuites d'études, l'abrogation du contrôle des absences.

Parmi les motifs invoqués, certains ont été fondés, le DUT n'étant pas reconnu comme ouvrant droit à un niveau déterminé de rémunération dans les conventions collectives.

1 CNPF. Direction générale des affaires sociales. *Synthèse des travaux de la Commission enseignement-formation du CNPF 1987-1990*, mars 1990.

2 Domenc, Michel, Gilly, Jean-Pierre, *Les IUT, ouverture et idéologie. Les techniciens supérieurs : cadres ou ouvriers*, Paris, CERF, 1977.

3 Archives du SNES, Carton 1594.

D'autres s'en prenaient à la conception même des IUT. « L'intensité des programmes » contre laquelle des protestations se sont élevées faisait partie de l'originalité des IUT, par opposition aux latitudes d'emploi du temps qui sont laissées aux étudiants des ex-facultés, désormais étudiants des Unités d'enseignement et de recherche (UER). D'où la réaction au contrôle des absences. Le reproche de conditionnement scientifique visait une certaine manière de ne s'intéresser aux sciences qu'autant qu'elles apportent des éléments intégrables à la formation des techniciens supérieurs. On demandait aussi un accès direct au second cycle universitaire, contraire à l'objectif des IUT.

Mais sur le point des conventions collectives, la position du CNPF a toujours été ferme : il ne peut être question de lier automatiquement le classement dans les catégories d'emplois des conventions collectives au diplôme détenu ; le patronat n'accepte d'examiner le classement définitif qu'à l'issue d'une période d'exercice des fonctions. Il invoque pour cela la rigidité qu'entraînerait un système de lien direct entre le diplôme et le niveau d'embauche et même l'effet malthusien qu'il aurait sur le recrutement des diplômés, ainsi que le blocage qu'il provoquerait de la promotion professionnelle du personnel en place. Pour lui, les rapports universités-industrie sur les qualifications ne doivent pas interférer avec les négociations sur les niveaux de rémunération qui relèvent des relations paritaires salariés-patronat. Cette attitude est constante[1].

Les traces de ces contestations émanent de l'UNEF et concernent essentiellement le site de Toulouse, mais il était fait état d'une coordination nationale installée à Villetaneuse. Après la relative unanimité sur les IUT de la deuxième moitié des années 1960, il y a donc eu une sorte de période de « purgatoire » des IUT où se sont cumulées des critiques de certaines erreurs de prévisions d'effectifs, de choix des implantations, des revendications des collectivités locales, une jalousie des étudiants des IUT à l'égard de leurs collègues des facultés sur la pression des horaires, l'écart en matière de débouchés, les conditions d'embauche au sein même du système éducatif. Les syndicats de personnel ont soutenu le mouvement, mais avec réserve. Le SNES a envoyé le 26 février 1971 une lettre au directeur chargé des universités et des établissements supérieurs de recherche, conjointement avec le SNESUP, pour signaler les revendications des étudiants[2].

1 CNPF – *Les enseignements supérieurs français. Réflexions et propositions* ; 1974.
2 Archives du SNES, Carton C41.

La contestation venait aussi de l'intérieur du ministère : en 1974 déjà, Jean Capelle, dans *Éducation et politique*[1], avait engagé une charge contre les IUT : faisant l'éloge des formations de techniciens supérieurs par les lycées, il soulignait que les IUT avaient provoqué des réticences dans les milieux professionnels peu convaincus que leur apparition se traduirait par une amélioration ; il se déclarait, de plus, préoccupé par l'évolution des IUT usant même du terme de déconvenue : les établissements n'étaient pas nouveaux, ni la pédagogie. Il ne voulait y voir que le moyen de dériver les flux des étudiants du supérieur et aussi de créer des emplois d'enseignants pour les diplômés du 3ᵉ cycle. Il critiquait la surestimation des candidatures d'étudiants, l'ambiguïté des objectifs soulignée par l'importance des poursuites d'études (38,5 %) et par le malaise des étudiants. Cette phase critique de l'histoire des IUT avait été atténuée par la prise de position de Jean-Pierre Soisson, secrétaire d'État aux universités du 8 juin 1974 au 12 janvier 1976, qui leur a manifesté son soutien en septembre 1975, et avait même, pour montrer son désintéressement, renoncé à un projet d'IUT à Auxerre, projet qui fut néanmoins repris ultérieurement. Il affirmait dans un article du *Figaro*[2] la confiance qu'il faisait dans la gestion du système des IUT.

Néanmoins en 1976, Alice Saunier-Seïté, secrétaire d'État aux universités (1976-1978), ancienne directrice de l'IUT de Sceaux (1970-1978), qui devait devenir ministre des universités de 1978 à 1981, s'appuyant sur les mêmes critiques, a pris des mesures restrictives en ce qui concerne les IUT : « gel » de 108 postes budgétaires, réduction des horaires d'enseignement, amputation des crédits. Les critiques, émises au printemps 1976 et reprises en septembre[3], portaient sur la disproportion des dépenses avec l'importance des IUT dans les enseignements supérieurs : 5 % des étudiants, 10 % des enseignants, pour 33 % des investissements des Vᵉ et VIᵉ Plans, 37 % des cours complémentaires.

Il est vrai que les IUT n'avaient pas résolu le « désencombrement » des facultés (44 000 étudiants pour 67 000 attendus selon le VIᵉ Plan en 1975-1976), que les candidatures plafonnaient quand elles ne régressaient pas, et que le problème de « doublonnement » avec les sections de techniciens supérieurs des lycées n'avait pas été réglé.

1 Capelle, Jean, *Éducation et politique*, Paris, PUF, 1974.
2 Le *Figaro*, 29 septembre 1975.
3 Herzlich, Guy, « les IUT, de la prospérité à l'austérité », *Le Monde*, 26 septembre 1976.

En réaction contre l'attitude d'Alice Saunier-Seité, les directeurs d'IUT, les présidents des conseils d'administration, des commissions pédagogiques, des assemblées de chefs de départements ont manifesté leur mécontentement en menaçant de démissionner[1].

Entre 1966 et 1976, les données économiques et politiques avaient beaucoup évolué : le souci majeur n'était plus celui d'accueillir des flux accrus d'étudiants, mais de faire face au chômage qui touchait notamment la jeunesse. Les grands projets « gaulliens » de planification et de gestion centralisée des effectifs d'élèves et d'étudiants, coordonnée avec celle du développement économique, avaient été balayés par les événements de 1968. Edgar Faure avait eu d'autres problèmes à résoudre. La réforme universitaire faite par la loi du 12 novembre 1968 n'avait pas dans ses axes principaux le développement des formations technologiques, même si elle n'y faisait pas obstacle. De toute façon, la problématique de l'accueil et de la sélection disparaissait avec l'abandon de toute idée de sélection à l'entrée à l'université, remarque étant faite qu'elle subsistait pour l'entrée dans les IUT, sans contestation d'ailleurs. Les mesures précitées prises par Alice Saunier-Seïté en ce qui concerne les IUT faisaient partie d'une politique générale de reprise en main de tout le domaine universitaire. Le choc pétrolier de 1973 a eu des conséquences sur la demande d'emploi et a conduit à s'intéresser particulièrement à la situation des jeunes sortant aux premiers niveaux du système scolaire, portant, pour les années ultérieures, à construire des parcours de formation nouveaux pour les jeunes en difficulté d'emploi.

1 Archives du SNES, carton 1594.

UNE REPRISE DE LA CROISSANCE ET UN NOUVEAU RÔLE GÉOGRAPHIQUE DES IUT

Université 2000

Le changement de politique intervenu en 1981 a eu des conséquences sur les IUT. Le ministre Jean-Pierre Chevènement (nommé le 19 juillet 1984), assisté du secrétaire d'État Roland Carraz, lui-même professeur agrégé, a fait adopter la loi-programme du 18 octobre 1985. Cette loi faisait un sort rénové à l'enseignement technique aussi bien du second degré que de l'enseignement supérieur. Dans ce domaine, les nouvelles mesures favorisaient la formation des ingénieurs et des techniciens. Outre que cette loi prévoyait la création d'universités de technologie, décision qui avait été repoussée jusqu'alors sauf en ce qui concerne l'université de Compiègne, elle fixait des objectifs chiffrés de formation des techniciens ; pour l'ensemble formé par les IUT et les STS, le nombre des étudiants s'engageant dans des formations de techniciens supérieurs devait être porté à 80 000 alors qu'il n'était que de l'ordre de 60 000. De même les entrées en formation d'ingénieurs devaient atteindre 10 000. La loi prévoyait aussi le rythme d'accroissement des crédits et les emplois supplémentaires de personnel jusqu'en 1990 : ils devaient être de 8 250 dont 2 000 dans l'enseignement supérieur.

Dans cette perspective, le nombre de départements d'IUT s'est accru de l'ordre d'une dizaine par an à partir de 1987 ; mais les effectifs des STS, qui avaient dépassé ceux des IUT en 1965 ont connu une progression beaucoup plus vive encore : sans doute les nouveaux objectifs en hausse ont-ils été compris comme faisant disparaître les dernières hésitations que l'on pouvait avoir dans la concurrence des deux voies. Les effectifs des IUT ont ainsi progressé de 53 700 en 1980-1981 à 119 200 en 2000 soit de 122 % alors que ceux des STS sont passés pendant la même période de 67 900 à 237 900, soit une progression de 250 %.

C'est pendant une partie de cette période avec le plan Université 2000 qu'a été reconnue la vocation des IUT à être un élément important de l'aménagement du territoire.

En effet, les aspects géographiques de la desserte du territoire par les IUT ne faisaient pas partie des préoccupations essentielles des initiateurs des IUT. Les premières implantations ont été expérimentales et déterminées par relations avec les responsables locaux. On ne voit pas non plus d'intention de desserte territoriale dans les premiers développements des IUT. Toutefois, on note une volonté progressive de créer des implantations dans toutes les académies, en commençant par la présence d'au moins un IUT par académie. En 1968, 43 IUT étaient en place et chaque académie en avait au moins un[1]. Ce n'est que sporadiquement que l'administration s'est préoccupée des règles de desserte du territoire, et le reproche lui en a été fait par les corps de contrôle à différentes reprises : en 1966, une circulaire du 12 juillet[2] fait état de demande d'ouvertures en vue de la rentrée de 1966, mais il ne semble pas que des règles d'implantation aient été posées. Les propositions ont été examinées compte tenu des avis de la commission pédagogique provisoire créée par l'arrêté du 6 novembre 1965 et de la section permanente du Conseil de l'enseignement supérieur. La Cour des comptes, en 1966, critiquait la création de départements d'IUT dans des localités autres que le siège de l'IUT, créant une dispersion géographique. Elle s'opposait ainsi à la préoccupation d'aménagement du territoire qui a conduit la DATAR à participer au financement de certains projets. Apparaît ainsi un thème de discussion sur la fonction des IUT : sont-ils un élément d'aménagement du territoire et en ont-ils la capacité ? Visiblement cette préoccupation n'était pas présente au moment de leur création. En 1982, l'Inspection générale (IGAENR) de l'Administration, en regrettant l'absence d'une politique globale de formation des techniciens supérieurs et des cadres moyens, signalait, à son tour, avec les problèmes de concurrence des STS, celui de la dispersion des départements d'IUT ; en 1990, Christian Forestier, dans son rapport, se prononçait pour un minimum de quatre départements pour un IUT, comprenant au minimum quatre groupes d'étudiants. La Cour des comptes est revenue sur le problème dans son rapport de 1994,

1 Thèse Michel Bernard.

2 Circulaire n° 66-258 du 12 juillet 1966 – *BOEN* n° 29 du 21 juillet 1966.

en rappelant les inconvénients de la dispersion : difficultés à créer des bibliothèques et des logements, manque de sélectivité des admissions, problèmes de nomination des enseignants, L'attitude la plus fréquente des pouvoirs publics était donc de privilégier la rationalisation dans l'utilisation des moyens plutôt que la desserte du territoire.

Les aspects géographiques des implantations d'IUT ont été traités dans la thèse de Myriam Baron publiée en 1994 : y sont étudiés les rapports avec les STS, le rôle important des responsables des IUT dans les relations avec le tissu économique local, la place originale des IUT dans le dispositif de l'enseignement supérieur, où ils ont, note-t-on, un rôle proche de celui des CPGE pour assurer la scolarisation des étudiants. Leur action se partage entre services aux populations et services aux entreprises avec lesquelles les modes de relation sont nombreux et déterminants.

Ce thème a été repris notamment dans un article paru en 2000[1] : Pierre Gravot traite des liens entre développement local et développement universitaire. L'hypothèse est faite que le développement d'établissements d'enseignement, tout particulièrement au niveau post-baccalauréat, facilite la croissance endogène, par les dépenses liées à la création d'établissements et à leur fonctionnement, par les dépenses de consommation des personnes exerçant dans l'établissement, par l'apport de capacité de travail que procurent aux PME et PMI de province les jeunes après leur formation. Se pose alors le problème du choix des spécialités : c'est dans cette perspective que les concertations entre autorités universitaires, municipales, départementales et régionales et employeurs éventuels trouvent toute leur utilité. Quant aux spécialités à choisir, il apparaît que les financeurs ont leur préférence pour certaines spécialités, relativement homogènes : techniques de commercialisation, génie électrique, génie mécanique et informatique.

Mais il reste à traiter du choix entre proximité de l'université de rattachement et dispersion géographique, et même entre IUT « compact » et « antennes » d'IUT. Le rôle que doivent jouer les IUT dans l'aménagement du territoire est donc devenu un sujet de réflexion. Le plan Université 2000 a marqué un tournant dans la politique : désormais, les IUT doivent

1 Gravot, Pierre. « Les IUT et le développement local, l'exemple du Plan "Université 2000" », in Servet Ertul (Dir), *L'enseignement professionnel court post-baccalauréat (IUT-STS)*, Paris, PUF, 2000.

participer à cet aménagement. L'administration accepte dès lors une certaine dispersion des IUT autour de leur université de rattachement, et même une dispersion de leurs départements. Mais par la suite, le retour vers la « centralité » a été constaté, à l'occasion des schémas stratégiques de l'enseignement supérieur. La discussion n'est donc pas close comme le montre le rapport de la Cour des comptes de 1994.

Les années « Université 2000 » constituent la plus récente période d'accroissement des effectifs de l'Enseignement supérieur, après les pointes des années 1960, qui ont vu la création des nouvelles universités, des campus universitaires, la création des IUT, après celle des années 1980 consécutive aux mesures prises après l'arrivée de la Gauche au pouvoir. La période « Université 2000 » a été marquée par un flux d'effectifs qui a culminé en 2005.

« Université 2000[1] » s'inscrit dans une démarche contractuelle qui a été mise en œuvre dans les domaines de l'enseignement supérieur à partir de 1982[2]. En 1983, la politique contractuelle a d'abord commencé par la recherche, puis à partir de 1989, elle a été étendue aux autres domaines de la vie des universités, pour aboutir à un contrat unique incluant la recherche, en 1996. La démarche contractuelle était présente dans la gestion des universités dans les années 1990, conduite par une nouvelle génération de présidents plus gestionnaires, coïncidant avec la montée en puissance de la conférence des présidents d'université.

Dans le cas d'« Université 2000 », la contractualisation s'opérait dans un autre cadre, celui des contrats de Plan État-Région (CPER), issus de la loi du 29 juillet 1982 portant réforme de la planification, et initialement conçus pour l'exécution du Plan national.

Le plan « Université 2000 » a été complété par le programme « Université du troisième millénaire (U3M) qui a apporté 6,089 milliards d'euros consacrés à la rénovation du patrimoine universitaire et à l'amélioration de la vie étudiante, au déploiement de la recherche et au transfert technologique au profit du développement local, l'État apportant 3,014 milliards d'euros et les régions, 2,02 milliards d'euros[3].

---

1 Développement universitaire et développement territorial. L'impact du plan « Université 2000 » (1990-1995), *la documentation Française*, Paris 1998.

2 Cytermann, Jean Richard, « La politique contractuelle française entre les universités et l'État », 14e colloque du GIDSGUF du 2 au 6 juin 2003, Paris.

3 Toulemonde, B. (Dir), Le système éducatif en France, *les notices de la Documentation Française*, Paris, 2003.

En fait, le gouvernement avait à régler un problème crucial d'accueil des étudiants dans un contexte budgétaire difficile.

Les quelques indications chiffrées ci-dessous montrent l'importance de l'accroissement des effectifs de l'Enseignement supérieur notamment entre 1985 et 1990

France métropolitaine, universités et grandes écoles publiques et privées	
Rentrée	Effectifs
1970	735 539
1980	1 039 536
1985	1 230 263
1990	1 702 036
2000	2 127 955
2005	2 246 575
2008	2 194 791

FIG. 9 – Les effectifs de l'Enseignement supérieur de 1970 à 2008. Source : A. Prost, J.-R. Cyterrmann, « Une histoire en chiffres de l'Enseignement supérieur en France », *Le mouvement social*, octobre-décembre 2010, p. 37.

Le coût des dépenses de l'Enseignement supérieur ne pouvait plus être supporté par l'État seul. Le recours à l'aide des collectivités locales, principalement des régions, était une solution opportune, qui rencontrait d'ailleurs une demande de coopération de ces dernières, assortie de certaines conditions tenant précisément à l'aménagement du territoire. Un compromis était donc à trouver entre d'une part, les positions centralisatrices le plus souvent défendues par les milieux de l'Éducation nationale et d'autre part, les attentes des régions plus soucieuses de la desserte territoriale et aussi intéressées à intervenir dans le domaine éducatif. Ces dernières avaient l'appui, du côté de l'État, de la DATAR. Au ministère de l'Éducation nationale, le ministre Lionel Jospin s'en remettait largement à son conseiller spécial Claude Allègre. Les directeurs à la tête de la Direction de la programmation et du développement universitaires (DPDU) ont eu à gérer cette nouvelle collaboration. Armand Frémont, recteur de l'académie de Grenoble de 1985 à 1989, directeur de la DPDU de 1989 à 1991, a été choisi notamment pour sa formation de géographe : universitaire et recteur, il connaissait et défendait les positions de l'État ; géographe, il comprenait les besoins des territoires. Il est resté deux ans et demi dans ces fonctions, où il a eu à traiter d'abord de la contractualisation avec les établissements, puis et surtout du plan Université 2000[1]. Il a eu comme successeur Roland Peylet, ingénieur-en-chef des Ponts et Chaussées, jusqu'alors directeur-adjoint de cabinet du ministre[2].

La collaboration avec les collectivités territoriales, principalement les régions n'était pas dans les schémas de pensée du ministère. Claude Allègre se méfiait des demandes de dispersion du système universitaire. Il défendait les positions centralisatrices traditionnelles avec beaucoup d'intransigeance en ce qui concernait les universités. Il admettait plus de souplesse en ce qui concernait les IUT. Le préfet de la Région Ile-de-France, Christian Sautter (1990-1993) était très demandeur d'IUT pour compenser le retard de la région ; la DATAR était aussi dans cette posture. Entre ces deux tendances, la discussion était difficile. Armand Frémont se classait parmi ceux qui privilégiaient l'aménagement du territoire, sous réserve d'un juste équilibre, afin de faciliter les études de jeunes auxquels les déplacements auraient été un obstacle à leur projet. Progressivement, Claude Allègre est revenu sur ses positions restrictives, a acquiescé à une certaine dispersion des IUT et a même accepté un plan IUT.

Roland Peylet, ingénieur en chef des Ponts et Chaussées, était directeur adjoint du cabinet de Lionel Jospin, ministre de l'Éducation nationale, lorsqu'il fut nommé directeur de la programmation et du développement universitaire (1991-1992) en remplacement d'Armand Frémont qui avait repris à sa demande ses fonctions de recteur. Il avait déjà une expérience des problèmes d'implantations universitaires puisqu'il avait été chef de la division des études à la direction des équipements et des constructions au ministère de l'Éducation nationale (1981-1983). Pour lui aussi la situation était claire : l'État n'avait plus les moyens nécessaires pour assurer le développement du système universitaire et le concours des collectivités territoriales était indispensable. Si Claude Allègre a accepté un plan des IUT c'est qu'ils n'étaient pas, pour lui, au cœur du

1 Entretien avec A. Frémont le 7 mars 2013.
2 Entretien avec R. Peylet le 13 mars 2013.

système universitaire. Sur les universités il avait admis des concessions sur les premiers cycles sous forme de centres universitaires dont certains ont été conservés et sont devenus universités : université du Littoral, Arras, la Rochelle. Mais les réalisations du plan « Université 2000 » en région parisienne ont suscité des inquiétudes des universités voisines qui ont craint une réduction de leur zone d'attraction.

La position gouvernementale a été exposée par le Premier ministre Michel Rocard lors des Assises de l'enseignement supérieur tenues à la Sorbonne du 26 au 29 juin 1990. Des assises régionales avaient précédé ces assises nationales ; elles s'étaient tenues à partir du printemps 1990. Après avoir rappelé les efforts des années 1955-1965, l'explosion de 1968, il a exposé comment le gouvernement entendait mettre en œuvre la priorité qu'il voulait donner à l'enseignement supérieur dans la perspective d'un accroissement considérable des effectifs d'étudiants. La méthode retenue étant celle du partenariat avec les collectivités locales, qui en effet manifestaient la volonté d'intervenir dans le domaine des universités. Sans doute y ont-elles toujours été intéressées, mais cette fois le gouvernement acceptait et même sollicitait leur intervention. Quant aux problèmes à régler, il les classait en deux catégories : les filières et l'aménagement du territoire. Les filières devaient être diversifiées pour offrir le plus de chances de formation à la multitude des étudiants attendus, et devaient ainsi tenir compte des justifications souhaitées localement. La demande de création d'antennes et de premiers cycles délocalisés, souvent manifestée, devait être encadrée et l'annonce était clairement faite qu'il n'y avait pas lieu d'espérer qu'ils soient nécessairement l'amorce d'une université. Une proposition était faite de développer la méthode des réseaux pour assurer l'enseignement et la recherche. La situation particulière de la région parisienne devait être traitée par un desserrement des universités surchargées et par le regroupement des implantations.

Les problèmes relatifs aux IUT ont été abordés par le secrétaire d'État Robert Chapuis chargé de l'enseignement technique en des termes qui pourraient encore être actuels : il faut éviter leur isolement dans les universités et, si leur propension à alimenter les écoles d'ingénieurs devait s'intensifier, il faudrait se poser la question de leur donner le rang d'école.

L'articulation du développement des formations technologiques avec l'existence des IUT apparaissait comme un problème, mentionné aussi au moins dans les groupes de travail, où l'on a regretté que le développement de l'enseignement supérieur court fût laissé à la seule responsabilité des directeurs d'IUT. Mais l'essentiel des discussions a porté sur la problématique de l'aménagement du territoire. Le rapport de synthèse de Jean-Paul de Gaudemar portait essentiellement sur les enjeux territoriaux et géopolitiques et évoquait même une « déontologie du territoire » qui serait à définir.

Dès lors, un pas était délibérément franchi dès le lancement du plan « Université 2000 », pour impliquer réellement les institutions universitaires dans une politique d'aménagement du territoire sans exclusive d'aucune de leurs composantes, dont les antennes universitaires et les IUT faisaient partie. On évoquait la possibilité de réseaux régionaux de formation. Des schémas régionaux d'aménagement et de développement des enseignements supérieurs ont été préparés au sein de groupes de travail co-présidés par les préfets de région et les recteurs avec la participation de représentants des collectivités territoriales. Ces schémas ont été utilisés pour la production du schéma national approuvé par le Conseil des ministres au printemps 1991. Les préfets et recteurs ont alors pu conclure avec leurs partenaires des conventions précisant la nature des opérations à réaliser au cours de la période 1991-1995 et les engagements financiers de chacun[1].

« Université 2000 » mobilisait une enveloppe financière de 32,2 MdF. La répartition de la charge, hors Ile-de-France, pesait surtout sur l'État (50 %), les régions (20 %), les départements et les communes pour des parts plus modestes, 13,8 % et 11,46 %. Les IUT constituent la catégorie qui a le plus bénéficié des créations de surface (300 000 m^2). Leur nombre s'est accru de 24 unités et celui des départements d'IUT de 196. Leurs effectifs d'étudiants se sont accrus de 1990-1991 à 1995-1996 dans de plus grandes proportions que ceux des universités auxquels ils appartiennent : 38,57 % contre 33,21 %[2].

Sous l'angle de la desserte des populations, les IUT ne sont pas les acteurs principaux ; ils ne desservent en tout que 133 communes, à peine plus que les universités (125) et moins que les classes préparatoires aux

1 Peylet, R, « L'État, les universités et les collectivités territoriales », *Bulletin des Bibliothèques de France*, Paris, t. 37, n° 5, 1992.

2 Cytermann, J.-L. et Prost, A., Une histoire en chiffres de l'enseignement supérieur en France. *Le mouvement social*, octobre-décembre 2010, o*p, cit.*, p. 36.

grandes écoles (197), et infiniment moins que les sections de techniciens supérieurs des lycées techniques (810).

La couverture de l'Ile-de-France par rapport à celle de la France entière n'a pratiquement pas évolué : 13,6 % en 1985-1986 et 13,5 en 1995-1996. En revanche, les IUT ont développé des antennes : en 1990, 74 % des IUT n'avaient pas d'antennes ; ils n'étaient plus que 49 % en 1996 (*cf.* les figures 10 et 11 ci-dessous, p. 120 et 121).

Les figures 10 et 11 ci-dessous montrent le développement des éléments d'IUT, qu'il s'agisse d'IUT complets ou de parties de ces derniers dispersées sur le territoire. Alors que les académies n'avaient pas plus de 5 implantations d'IUT en 1970, 18 possédaient entre 6 à 14 implantations en 2002.

Les investissements effectués dans les IUT ont privilégié des créations d'antennes (2,33 MdF), principalement financés par l'État (29,4 %) et les régions (27,7 %), les IUT de plein exercice ne recevant qu'1 MdF. Ce sont les IUT qui ont reçu les crédits les plus importants pour la création d'antennes.

Les apports des IUT au développement local ont fait l'objet d'études notamment de la part de M. Baron qui s'est intéressée particulièrement à la Bretagne du Sud, à l'Artois et à la Flandre, en montrant la diversité des relations entre IUT et entreprises, certaines se limitant à l'accueil des stagiaires, d'autres plus rares, incluant les prestations de services demandées aux IUT et même le prêt de personnel. Un facteur important de la réussite de l'organisme formateur dans son environnement est la durée. Les relations IUT-entreprises étudiées ont commencé ponctuellement bien avant le plan « Université 2000 », puisque le département de biologie appliquée de l'IUT de Quimper a développé, au milieu des années 1980, une option « Industrie agroalimentaire » et a participé à la création de la recherche appliquée aux industries agricoles et alimentaires (ADRIA)[1]. Cette coopération, qui semble être un cas isolé, a fait l'objet d'une remarque critique de la part de la Cour des comptes, dans son rapport de 1976, ainsi que celle établie par l'IUT de Grenoble avec un institut de formation et de conseil créé par l'IUT.

1 Baron, Myriam, « Territoires de la formation, territoires en formation ? IUT et STS dans les villes moyennes », in Ertul Servet, Dir, *l'enseignement professionnel court post-baccalauréat* (IUT-STS), Paris, PUF, 2000.

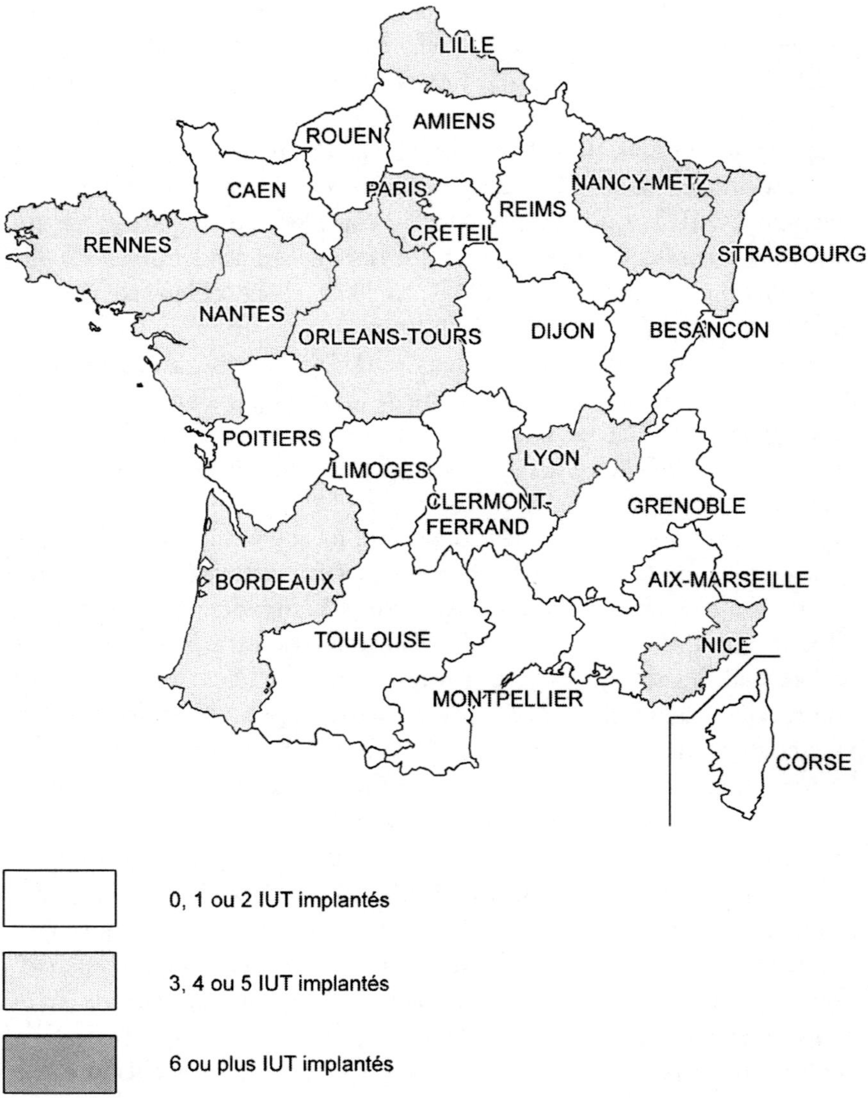

FIG. 10 – Nombre d'implantations en 1970.

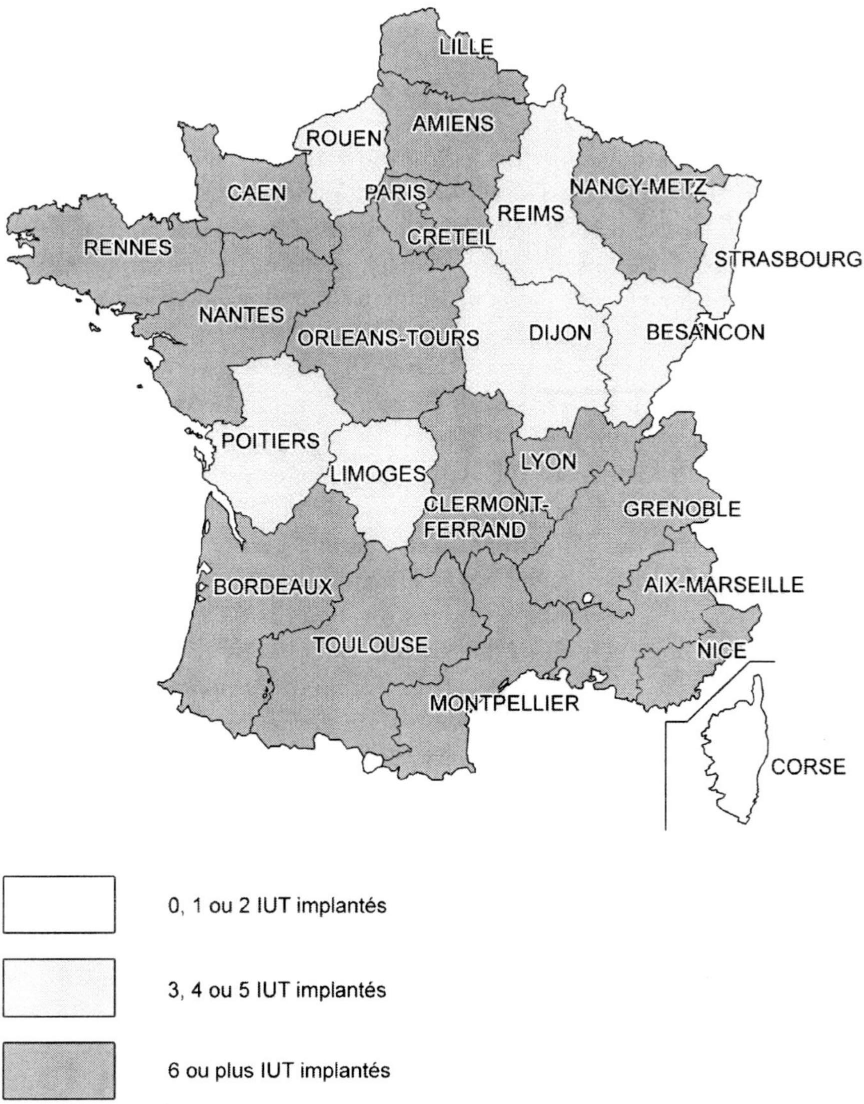

FIG. 11 – Nombre d'implantations en 2002.

Acteurs principaux de la professionnalisation dans l'enseignement supérieur, les IUT développent, avec « Université 2000 », leur caractère de partenaires privilégiés des villes moyennes. Ce fait est affirmé par plusieurs observateurs d'« Université 2000 », si bien que, désormais, toutes les villes de 100 000 habitants ont un équipement d'enseignement supérieur ainsi que presque toutes celles de plus de 50 000 habitants. Ce nouveau maillage conduit les commentateurs à utiliser les termes de « systèmes régionaux d'enseignement supérieur ». Cette constatation rapportée dans le travail présenté par la Documentation Française est assortie d'observations critiques : dans la multiplicité des acteurs principaux, qui étaient des élus ou des hauts fonctionnaires, on regrette le rôle effacé des universités qui semblaient absorbées par la gestion de leurs problèmes internes. « Université 2000 » a eu pour effet de constituer les collectivités locales en partenaires incontournables de la gestion géographique des enseignements supérieurs. Pour les IUT, ce fut la consécration de leur rôle dans l'aménagement du territoire. Mais ces constatations n'éliminent pas les inquiétudes qui étaient émises, depuis l'origine des IUT, quant à une bonne gestion du système : la dispersion a des inconvénients aussi permanents que les avantages comme la Cour des comptes l'a rappelé dans son rapport de 1994 : influences plus ou moins bénéfiques exercées par les collectivités locales sur le choix des spécialités, problèmes d'affectation du personnel enseignant-chercheur, ayant obligation de poursuivre des recherches et peut-être, de ce fait, contraint à des mutations pour trouver un laboratoire, risque de concurrence avec les STS, ce qui rend la séparation entre les deux catégories d'organismes encore moins justifiable en logique, coût accru d'un système dispersé par rapport à un dispositif plus ramassé.

En définitive, l'évolution des idées, le déplacement du pouvoir des organismes d'État vers les collectivités locales ont orienté les réflexions vers d'autres formes de management des enseignements supérieurs, qui font apparaître aux observateurs la nécessité de définir la répartition des rôles de l'administration centrale, ainsi que les pouvoirs et les moyens des recteurs. C'est à cette fin qu'ont été créés par la loi n° 99-533 du 25 juin 1999, modifiant celle du 4 février 1995 d'Orientation pour l'aménagement et le développement du territoire, les Schémas de Services Collectifs de l'Enseignement Supérieur et de la Recherche qui ont été approuvés par décret n° 2002-560 du 18 avril 2002. L'objectif est de décliner sur le territoire les politiques nationales en matière d'enseignement supérieur et de recherche. Les schémas de services collectifs sont destinés à cadrer à l'horizon de 20 ans les contractualisations entre les collectivités publiques. La Direction de la programmation et du développement a produit en mai 2001 un document précisant les objectifs nationaux et leur déclinaison en 7 grandes circonscriptions incluant les régions administratives. Les IUT sont mentionnés pour avoir développé 82 sites de départements en dehors des sièges d'université, qui accueillent plus du quart des étudiants préparant un DUT et pour avoir privilégié la desserte des villes moyennes.

TROISIÈME PARTIE

UNE RÉUSSITE GLOBALE MAIS DES PROBLÈMES PERMANENTS

Au cours de leur déjà longue histoire, les IUT ont affiché des éléments de réussite incontestables dans le domaine pédagogique, mais ils ont aussi affronté un certain nombre de problèmes, liés à l'ambiguïté des objectifs fixés aux formations qu'ils délivrent, au public auquel ils s'adressent, à leur positionnement par rapport à d'autres formations ayant des objectifs voisins, ou encore à la gestion du réseau organique qu'ils constituent. La compréhension des éléments historiques observés nécessite parfois de déborder les limites temporelles de l'étude (1964-2002) en prenant des repères sur la période postérieure, riche en évolutions.

La notion-même de technicien supérieur est issue des textes relatifs à la formation, donc d'origine « Éducation nationale », et non pas consécutive à une description des emplois définis par le système de la production ou des services. Le public que vise la formation s'est diversifié depuis la création des IUT en 1966 : les bacheliers de 2013 ne sont plus ceux de 1966. Si la vocation attendue des titulaires du diplôme universitaire de technologie est bien d'occuper des emplois du système productif, elle ne peut interdire que les intéressés bénéficient le cas échéant des possibilités qu'offre le système universitaire de poursuivre des études : des équilibres sont toutefois à trouver dans les trajectoires. Entre IUT et sections de techniciens supérieurs des lycées, il y a à l'évidence un « doublon » qui heurte la logique administrative. Après avoir imaginé une substitution pure et simple des IUT aux sections de techniciens supérieurs des lycées, les pouvoirs publics ont laissé cohabiter les deux dispositifs. On ne peut échapper à une interrogation sur cette réalité institutionnelle. Enfin la gestion du nouveau réseau d'organismes que constituent les IUT a souvent fait l'objet de critiques, qu'il est utile d'analyser. L'ensemble de ces questions constituera l'objet de la troisième partie de ce travail.

ORGANISATION PÉDAGOGIQUE

Une réussite globale, Recherche : des incertitudes

Les éléments les plus importants du discours officiel de présentation des IUT concernaient la pédagogie nouvelle qui serait développée dans ces organismes ; elle serait pertinente à l'égard de la population à laquelle ils étaient destinés : des bacheliers attirés par l'enseignement supérieur mais ne répondant pas au profil attendu dans les facultés, par manque d'aptitude au maniement des concepts. L'hypothèse était faite qu'ils étaient plus attirés par des activités impliquant l'analyse de situations concrètes.

Pierre Laurent définissait ainsi les orientations pédagogiques des IUT : « Des objectifs de formation ouvertement professionnels tout en évitant les excès de la spécialisation, une pédagogie fondée sur l'observation et l'analyse du concret, un travail intensif et encadré, un corps enseignant réunissant des professeurs d'enseignement supérieur ou d'établissements techniques supérieurs et des personnalités compétentes issues des entreprises ou des milieux professionnels intéressés[1].

Il est entré dans plus de détails :

- une direction pédagogique unique pour les deux ans de scolarité à temps plein, suivant une progression permettant des applications directes à la fin du cycle,
- des disciplines rassemblées autour d'un axe principal,
- l'interpénétration constante de la théorie et de la pratique, avec stages et travaux pratiques. Il indiquait aussi la répartition approximative des horaires : pour 45 à 50 heures par semaine, 7 à 10 heures de cours, 7 à 10 heures de travaux dirigés, 10 à 15 heures de travaux d'atelier ou de laboratoire ou de visites, 15 à 20 heures de travail personnel.

---

1 « Cinq ans rue de Grenelle : 1963-1968 ». Conférence donnée le 28 avril 2003 à l'École militaire dans le cadre d'un cycle organisé par la Fondation Charles de Gaulle.

Ce parti pédagogique implique la pluridisciplinarité : les enseignements sont organisés au sein d'un département où se coordonnent les différents intervenants qui conjuguent à la fois l'appartenance à différentes disciplines ou activités, et des origines différentes quant à leur cursus antérieurs (université, professorat des lycées, compétences acquises dans des écoles et les pratiques de l'industrie ou des services). Les IUT sont un endroit privilégié de la pratique de l'interdisciplinarité, plus difficile à organiser dans une UFR. Ce parti semble avoir réuni plus d'approbations que de critiques. La densité des emplois du temps est un des éléments qui ont suscité l'intérêt de la filière IUT et la préférence par rapport aux enseignements des facultés qui sont souvent jugés insuffisamment encadrés. C'est du moins ce qui ressort des opinions émises par les usagers, confirmées par le nombre de demandes d'admission annuelles dans les instituts. Les critiques portées par des étudiants des IUT dans les années 1970 sur les conditions jugées trop astreignantes de déroulement des études ont été oubliées au point que des enseignants qui exerçaient à l'époque n'en n'ont plus de souvenir ; et par ailleurs, le sérieux de l'encadrement est désormais compté comme une raison majeure de la préférence marquée par les bacheliers dans leur choix d'étude, qui s'exerce au détriment des structures classiques de licence.

Les actions pédagogiques sont encadrées par une réglementation nationale qui existe, avec des réexamens périodiques, depuis la création des IUT. Pour chaque type de département, une commission pédagogique nationale a en charge la définition des formations, données dans des conditions qui assurent l'interdisciplinarité par un personnel aux origines diverses garantissant la collaboration de formateurs croisant les connaissances et les expériences.

Les programmes sont en effet élaborés par les commissions pédagogiques créées en nombre légèrement inférieur à celui des spécialités des départements. Ces commissions ont été créées par l'arrêté du 22 juin 1967[1] et composées de trois catégories de membres, au nombre de trois à cinq par catégorie. La première était réservée aux enseignants, avec nécessairement un chef de département et un enseignant à temps partiel issu de la profession, la seconde regroupait des employeurs de la spécialité, la troisième des directeurs d'écoles d'ingénieurs de la spécialité. Les membres étaient nommés pour trois ans par le directeur de l'enseignement

1 *JORF* du 5 juillet 1967.

supérieur. Leur rôle était de s'informer du travail des départements et de proposer des mesures d'amélioration des programmes et méthodes.

Un arrêté du 10 juillet 1973[1] a diversifié la composition de la commission en faisant participer de nouvelles catégories de membres : des représentants d'ingénieurs et cadres, de techniciens supérieurs, d'anciens étudiants de la spécialité, un représentant de la commission professionnelle consultative correspondante relevant des enseignements du second degré, un ou deux représentants des ministères ayant la tutelle des branches professionnelles concernées. Le même arrêté accroissait leur compétence : émettre un avis sur la création et la localisation des enseignements en fonction des possibilités nationales et régionales offertes par l'économie, suivre l'évolution des activités de la branche concernée.

Les commissions choisissaient leur président et leur secrétaire. La direction des enseignements supérieurs rassemblait les demandes d'inscription à l'ordre du jour et les vœux émis par la commission. En 1992[2], le dispositif a été revu : les commissions pédagogiques nationales étaient aussi chargées de formuler des avis sur les projets de développement des enseignements, de faire des études sur le fonctionnement des départements d'IUT, de conduire des expertises sur l'insertion et le devenir professionnel des diplômés et d'apprécier la qualité des formations délivrées dans les départements. La composition a été modifiée : les catégories étaient représentées par cinq membres. Parmi les enseignants, trois sur cinq au moins devaient être ou avoir été chef de département. Une catégorie nouvelle apparaissait, celle des personnalités qualifiées dont les activités et les travaux présentent un intérêt pour la spécialité. Les étudiants n'étaient plus représentés. La présidence était assurée alternativement par un employeur et un salarié. En 1997[3], les étudiants ont été à nouveau représentés. À travers ces modifications, relativement mineures, on voit s'affiner les attributions des commissions et s'étendre le champ des catégories professionnelles et sociales dont on souhaite recevoir les avis.

Depuis les années 2000, les commissions pédagogiques nationales sont intégrées dans un processus d'évaluation des départements, contribuant lui-même à l'évaluation des IUT par la commission consultative nationale

1 *JORF* du 22 juillet 1973.
2 Arrêté du 4 juin 1992, *JORF* du 24 septembre 1992.
3 Arrêté du 30 avril 1997.

dans le cadre de la politique contractuelle d'attribution des moyens mis en place dans les enseignements supérieurs.

L'histoire des commissions pédagogiques nationales pose certaines questions : de 1970 à 1973 elles ont connu une éclipse ; créées en 1967 pour trois ans, elles n'ont été renouvelées qu'en 1973. Les nouvelles commissions n'ont pas été réunies avant 1975[1]. Il semble que cette lacune soit en lien avec la chute des créations de départements d'IUT pendant la même période, qui a été celle d'un « désamour » des IUT dans les milieux ministériels. Leur renouvellement pose d'ailleurs des problèmes, comme à la plupart des organismes consultatifs faisant appel à des professionnels : il est difficile de trouver de nouveaux volontaires pour siéger dans ces organismes, d'où une permanence jugée parfois trop longue du mandat des mêmes représentants. La dualité des filières de formation des techniciens supérieurs, STS d'une part, IUT d'autre part, explique la dualité des organismes consultatifs mais ne la justifie pas. Seule, la distinction des territoires administratifs du second degré et du supérieur, renforcée par l'esprit de corps des catégories professionnelles expliquent que pour faire des formations très voisines, l'État entretienne deux systèmes consultatifs. Il est vrai que les modalités de fonctionnement des unes et des autres ne sont pas les mêmes : le caractère plus directif de l'administration de l'enseignement du second degré explique l'intervention plus accentuée des services dans le processus consultatif qui comporte un secrétariat général des commissions préparant les réunions et exploitant les conclusions, alors que l'enseignement supérieur ne fait pas appel à un dispositif administratif spécial pour leur fonctionnement. Des fonctionnaires assistent toutefois aux services et assurent le secrétariat et le suivi des réunions.

Pour étonnante que puisse paraître cette dualité, elle ne semble pas en passe de se résorber du fait de la divergence accentuée des deux catégories de formation quant à leurs débouchés.

Si les STS et les IUT débouchent massivement sur des licences professionnelles, après l'acquisition de la licence, les parcours divergent considérablement : la proportion des étudiants d'IUT qui prennent des fonctions professionnelles n'a fait que diminuer depuis la création d'IUT, même si cette diminution a été freinée au cours des dernières

1 Thèse Michel Bernard précitée.

années. Une proportion importante des titulaires d'un DUT poursuit des études dans une école d'ingénieurs ou dans une école de commerce. Les titulaires de BTS entrent principalement dans la vie active et assurent à titre de premier emploi des fonctions d'employé ou de technicien. La notion de technicien « supérieur » n'a pas de référence dans les grilles de salaires. L'avancement des techniciens se fait par échelons selon les conditions des conventions collectives. La période cruciale de la carrière se joue avec l'accès à la qualité de « cadre » dont dépendent les régimes de retraites et de protection sociale.

Dans l'ensemble, les usagers apprécient l'organisation pédagogique du travail à partir de centres d'intérêt, les avantages d'un encadrement solide, la coordination des actions par un chef de département qui harmonise le travail fait sous la direction des formateurs dans les trois types de groupements des élèves : cours, travaux dirigés et travaux pratiques, stage de longue durée, (dix semaines). Il en va de même du contrôle continu comme système d'évaluation, plus économe en temps que l'examen.

L'organisme consultatif dit « de l'article 35 », dans son rapport relatif aux IUT[1] portant sur 43 instituts et 135 départements existants en 1968, mentionne que les commissions pédagogiques nationales ont recommandé le contrôle continu avec pondération par barèmes nationaux. Les départements envoyaient déjà un rapport à la commission pédagogique nationale, ce qui permettait de mettre en commun les expériences.

Des colloques pédagogiques étaient organisés par l'Institut national de la Formation des Adultes (INFA) de Nancy. Il existait un bulletin pédagogique en 1975, animé par une équipe de recherches pédagogiques installée à l'IUT de Sceaux.

Avec la conception de la formation, la seconde réussite des IUT a tenu à l'option prise quant au personnel enseignant. Il ne semble pas qu'il ait jamais été imaginé de créer des corps ou spécialités particulières pour les IUT, mais il aurait pu être envisagé de n'avoir recours qu'à des enseignants de l'enseignement supérieur. Le parti a été pris au contraire de mêler enseignants du supérieur, du second degré et praticiens de l'industrie et des services par parts égales. Les effectifs de la rentrée de 1968 s'établissaient comme suit :

1 Rapport général relatif aux IUT présenté par l'organisme consultatif « Article 35 », 1965-1968, IPN-SEVPN, Direction des enseignements supérieurs.

Professeurs d'universités	13	Professeurs agrégés	43
Maîtres de conférences	152	Professeurs certifiés	325
Maîtres assistants	288	Professeurs techniques adjoints	259
Assistants	523		
Total	976		627
TOTAL GÉNÉRAL	1 603		

FIG. 12 – Personnel enseignant des IUT (rentrée 1968).
Source : Rapport de l'organisme « Article 35 ».

Les effectifs des personnels venant des entreprises ne sont pas mentionnés. Les enseignements supérieurs fournissant donc 60 % des enseignants fonctionnaires et assimilés.

Les statistiques de la rentrée 2011 donnent les indications suivantes : (RERS)

Professeurs d'universités	966	Personnel 2e degré
Maîtres de conférences	4 952	
Assistants	1	
Total	5 919	4 158
TOTAL GÉNÉRAL	10 077	

FIG. 13 – Personnel enseignant des IUT (rentrée 2002).

Soit pour les personnels des enseignements supérieurs, 59 %.

La proportion n'a donc pas été bouleversée entre supérieur et second degré. Mais les professeurs d'université, qui n'étaient que 0,8 % des effectifs de fonctionnaires, sont maintenant dans la proportion de 9 %, ce qui peut être interprété comme le signe d'une intégration des IUT dans les carrières professorales, bien que la proportion soit encore loin de ce qu'elle est dans l'ensemble des enseignements supérieurs (22,16 %).

En revanche, les informations sont beaucoup moins précises en ce qui concerne les personnes assurant un enseignement mais n'appartenant pas aux corps enseignants. Ce sont pourtant, parfois, ceux que les étudiants préfèrent. Dans l'ensemble, leur présence dans les IUT a souvent été difficile à obtenir d'abord parce que la catégorie des enseignants associés ne comportait à l'origine que des professeurs, alors qu'il était nécessaire d'associer des techniciens à des niveaux hiérarchiques moins élevés et, lorsque ce problème a été résolu par l'association d'enseignants d'un rang inférieur à celui de professeur, parce que les vacations offertes aux personnels à temps partiel étaient et sont encore rémunérées à des taux trop bas, ou encore, parce que les crédits étaient insuffisants. Aussi, n'a-t-il jamais été possible de s'attacher ce genre de personnel dans la même proportion que les enseignants de métier. Encore faut-il tempérer cette observation : certains IUT trouvent et rémunèrent du personnel extérieur sans difficulté. Dès l'origine des IUT, les responsables parisiens ont eu pléthore de candidats à l'enseignement[1]. Parmi les raisons qui motivent les intervenants extérieurs figure le fait d'avoir été soi-même étudiant en IUT, ou encore le désir de conserver un contact avec les étudiants, parmi lesquels on peut espérer trouver de futurs collaborateurs. En outre, le rôle du président du conseil d'administration, qui appartient nécessairement au monde économique, est parfois important pour trouver des intervenants.

L'appel au personnel du second degré a nécessité des mesures d'adaptation. Les intéressés sont nommés « hors mouvement », sur la demande des établissements. La participation institutionnalisée des professeurs du second degré à l'enseignement dans les IUT a suscité quelques problèmes d'ordre syndical : dans le cadre de la Fédération de l'Éducation nationale, devait-il être syndiqué par les organisations syndicales du second degré ou par celles de l'enseignement supérieur ? Un collectif national IUT s'est réuni le 15 octobre 1971 au SNES et le SNESUP se concertait le même jour. Une consultation a été lancée[2]. Finalement le principe d'une affiliation au SNESUP a été retenu.

1 Entretien avec Jacques Ménier, ancien directeur de l'IUT de l'avenue de Versailles à Paris, le 24 mars 2011.

2 Archives du SNES, carton C 41.

LA FORMATION DES ADULTES

Les activités pédagogiques des IUT n'ont pas concerné que le public étudiant : les IUT ont préparé aux DUT des personnes engagées dans la vie active. Ils ont reçu dès 1966 compétence pour assurer la formation continue des adultes. L'article 21 de la loi du 3 décembre 1966 d'orientation et de programme sur la formation professionnelle dispose en effet que « le ministre de l'Éducation nationale organise dans les instituts universitaires de technologie des enseignements de caractère professionnel destinés spécialement aux adultes ». Cette compétence leur était donc attribuée dès l'origine, avant l'intervention de la loi de 1971 sur la formation continue. Selon les propos de M.-Y. Bernard, cette disposition avait aussi pour objectif de provoquer, par réciprocité, une offre de formation au bénéfice des anciens étudiants des IUT afin qu'ils puissent entrer dans des écoles d'un niveau supérieur. C'est ce qui s'est produit lorsque le CNAM a pris des dispositions en 1969 pour offrir une formation continuée aux titulaires du DUT, leur permettant d'entreprendre des études pour atteindre le titre d'ingénieur.

La Promotion Supérieure du Travail comportait des sections préparant au DUT depuis un arrêté du 26 juin 1967 et des commissions pédagogiques nationales établissaient des profils de DUT par unités capitalisables (circulaire 73-407 du 15 octobre 1973).

Après l'entrée en vigueur de la loi de 1971 sur la formation continue, les IUT ont pu constituer une section dans la formation continue de l'université. On comptait 823 stagiaires en 1974 et 189 429 heures stagiaires. Un responsable était désigné par département[1].

Le rapport de la Cour des comptes de 1994 mentionne cette activité comme un élément permettant de rentabiliser des investissements lourds. Sur un échantillon de 48 instituts, deux étaient particulièrement signalés : Paris recevait ainsi 11,9 MF et Créteil 15 MF. 12 IUT recevaient entre 5 et 10 MF. Deux cas de figure se sont présentés :

- la formation était organisée par les services centraux de l'université, (Le Havre, Nancy, Béthune). Une convention liait alors l'université et l'institut,

1 IUT – *Bulletin pédagogique*, juin 1975, n° 38. La Documentation française, B 16290.

– ou bien il existait un service propre à l'IUT. La formation diplômante était alors organisée avec le service de l'université, la formation non-diplômante dépendant directement de l'IUT ou du département concerné. D'autres cas de figure étaient encore signalés. En 2008, la formation continue diplôme 3 % des lauréats surtout dans les spécialités « Carrières sociales » et « Gestion logistique et transport ».

La participation du personnel enseignant à la formation continue était, à l'époque, supérieure dans les IUT à ce qu'elle était dans l'ensemble de l'enseignement supérieur : 35 % du personnel dans les IUT, 25 % dans l'enseignement supérieur en général et certains enseignants percevaient à ce titre des rémunérations importantes, néanmoins plafonnées. La Cour prenait parti pour la prise de responsabilité directe de l'institut.

L'APPRENTISSAGE

Si l'enseignement traditionnel dans les IUT demeure fortement majoritaire, il a, au cours des années, fait une place à l'apprentissage initialement réservé aux formations de niveau V, notamment aux CAP, puis aux BEP. L'apprentissage s'est fortement développé dans l'enseignement supérieur à mesure que des lois successives ont étendu son champ d'application. C'est la loi du 27 juillet 1987 qui a ouvert l'apprentissage à tous les diplômes et titres homologués de la voie professionnelle, et quel que soit leur niveau et depuis une ordonnance du 16 juillet 1986 l'âge d'entrée en apprentissage a été porté à 25 ans. La loi n° 93-1313 du 20 décembre 1993 permet d'ouvrir des sections d'apprentissage dans tous les établissements scolaires. Les IUT ont participé au mouvement qui a ouvert l'apprentissage aux enseignements supérieurs dans des proportions modestes montrées par le tableau ci-dessous.

Ce tableau montre une participation en progrès de l'apprentissage pour les IUT mais les effectifs demeurent de l'ordre de 5 % du total des DUT, et sont sans commune mesure avec ceux des STS qui font du niveau III de formation (celui de techniciens supérieurs), celui qui est le principal élément de l'apprentissage dans les enseignements supérieurs. On remarque aussi le succès des formations d'ingénieurs par apprentissage et la faiblesse, en regard, des formations des DUT par apprentissage, ainsi que la différence entre les taux de progression d'effectifs. Les DUT demeurent profondément attachés à la formation traditionnelle. Pourtant, sur l'ensemble des IUT, 108 proposent une formule en alternance, à l'intérieur de laquelle l'apprentissage est très majoritaire. Parmi les IUT qui proposent une formule en alternance, certaines spécialités sont beaucoup plus fréquentes. Dans l'ensemble des IUT les spécialités les plus recherchées en alternance sont les techniques de commercialisation, la gestion des entreprises et administrations, le génie mécanique et productique, le génie électrique et l'informatique industrielle. La réussite est supérieure à celle des sections traditionnelles. Une certaine publicité tente d'orienter les candidats aux IUT vers l'apprentissage[1]. À l'IUT Lumière à Lyon l'alternance est majoritaire ; elle est proposée dans 4 spécialités sur 5 : transport-logistique, environnement, industrie, mathématiques. Elle va de pair avec un choix qui privilégie lors du recrutement, des qualités non spécifiquement scolaires, mais des qualités appréciées dans le travail et les engagements personnels sont recherchés. Bien que le choix de l'apprentissage dans les IUT demeure limité, il a néanmoins des conséquences : les apprentis sont plus portés à faire une année d'études supplémentaires (23,2 en 2008 contre 19,8 %), moins à faire 3 années d'études supplémentaires (36,2 contre 49,5 %), et ils sont plus nombreux à s'insérer dans le marché du travail dès la sortie[2]. Le fait d'avoir pratiqué l'apprentissage avant l'entrée dans le supérieur est un facteur favorable au choix de l'apprentissage dans le supérieur. En 2011-2012 les anciens apprentis constituent la partie la plus nombreuse des apprentis du supérieur, bien avant les élèves sortant de la Terminale et les étudiants ayant déjà pratiqué l'enseignement supérieur. De même, les apprentis ingénieurs sont dans 22 % des cas des candidats issus de l'apprentissage : il existe donc désormais une filière « apprentissage » depuis le second degré jusqu'au niveau I des formations technologiques universitaires.

1 Site *DUT en alternance*, internet le 5/02/2014.

2 Le DUT, un passeport pour la réussite, ADIUT 2012, p. 47.

	1995-1996	2000-2001	2005-2006	2010-2011
Total	20 050	51 186	70 637	111 405
Dont DUT	2 067 10,3 %	4 285 8,3 %	4 717 6,6 %	5 548 4,9 %
BTS	12 539 62,8 %	27 800 54,3 %	35 345 50 %	49 965 44,8 %
Total niveau III	15 373 76,6 %	35 553 69,4 %	44 233 62,6 %	62 074 55,7 %
Pour mémoire niveau I	1 948 9,7 %	6 185 12 %	11 341 16 %	30 142 27 %
dont ingénieurs	1 734 8,6 %	4 644 9 %	7 153 10,1 %	12 706 11,4 %

FIG. 14 – Effectifs de l'apprentissage dans les enseignements supérieurs (métropole et DOM y compris Mayotte).
Source : *Repères et références statistiques*, 2013, p. 165.

LES ASSOCIATIONS À VOCATION PÉDAGOGIQUE

La vitalité de la pédagogie des IUT tient pour une part aux actions d'échanges d'expériences menées par la plateforme installée à l'IUT de Saint Denis et dénommée « Centrale IUT ». Cet organisme fondé dès 1971 sous forme d'association, à l'initiative du personnel, vise à répondre aux besoins en supports pédagogiques et en information des enseignants des départements tertiaires d'IUT et, depuis 1995, des disciplines tertiaires qui peuvent exister dans les formations secondaires.

Aux études de cas mises à la disposition du personnel, s'ajoute une organisation de séminaires pour les activités secondaires et tertiaires. 12 à 15 séminaires sont organisés par année et touchent 300 enseignants. Plus de 8 500 études de cas sont « chargées » chaque année. Cette formule est une originalité du système des IUT ; elle fonctionne grâce au dévouement des animateurs, et à l'intérêt des participants. La lettre de la Centrale est diffusée à 5 000 lecteurs. Les producteurs de

« cas » reçoivent une modique rétribution de 500 €. Ce sont surtout les départements de gestion des entreprises et administrations ainsi que de techniques de commercialisation qui sont à l'origine de la Centrale. Il n'y a pas d'initiative du même ordre dans les écoles d'ingénieurs qui en appellent parfois à la Centrale. La seule concurrence est celle de la Centrale de cas de médias pédagogiques (CCMP) relevant de la Chambre de commerce de Paris. À la Centrale, les usagers ont accès à tous les cas disponibles sous réserve que le département y ait adhéré ; la CCMP au contraire facture toutes les demandes de cas. Le budget (sur la base de celui de 1999 : 737 000 €) est alimenté à 81 % par les abonnements des départements d'IUT, 10 % de subventions de l'État.

Les IUT ont aussi une originalité marquante dans l'enseignement des langues vivantes. Dès 1977, une Association des Professeurs de Langues Vivantes des instituts universitaires de technologie (APLIUT) a été constituée à Paris et a reçu ses statuts en 1978. Elle a pour but la promotion des enseignements de langues vivantes et de développement de la recherche, en particulier dans les domaines de la langue de spécialité. Elle s'intéresse essentiellement à l'allemand, l'anglais, l'espagnol et au français langue étrangère et est ouverte à des membres associés des universités, des grandes écoles et des sections de techniciens supérieurs. Elle se manifeste essentiellement par des réunions régionales et nationales et par spécialités. Un congrès annuel est en général consacré à un thème et des cahiers, des revues trimestrielles font connaitre ses travaux. Quelques thèmes de congrès : « langue de spécialité et professionnalisation » (2013), « Évolution des métiers d'enseignants de langue de spécialité » (2007), « La langue de spécialité dans l'enseignement supérieur technologique des pays de la communauté européenne » (1993). Un certain équilibre est respecté dans les origines universitaires des professeurs (supérieur ou second degré). L'activité de l'association des professeurs de langue des IUT est une particularité des IUT dans le cadre des enseignements supérieurs qui manifeste ainsi l'existence d'un certain esprit de corps des IUT.

LA RECHERCHE

Au titre de l'originalité des IUT, il faut aussi mentionner les particularités de la pratique de la recherche. L'absence de lien avec la recherche était un des griefs principaux faits par Michel-Yves Bernard au système des STS. En même temps, la recherche est un des attributs principaux de l'enseignement supérieur et il était compréhensible qu'elle fût un des arguments pour attirer la formation des techniciens supérieurs vers l'enseignement supérieur. M.-Y. Bernard avait pour eux de grandes ambitions : le système devait éviter de les enfermer dans des carrières sans débouchés ; ils devaient être en mesure de préparer une thèse : la recherche les concernait.

La recherche dans les IUT demeure toutefois un des points sujet à discussion : non pas que son intérêt soit mis en doute, mais parce que la dispersion relative des IUT, la difficulté de disposer de laboratoires dans toute la France font peser sur cette activité un certain nombre de sujétions. C'est même une des raisons qui font obstacle à une large desserte du territoire par les IUT.

La thèse officielle est que la recherche existe bien, qu'il s'agit d'une obligation pour le personnel de l'enseignement supérieur, et que des modalités adaptées sont toujours trouvées. On entend toutefois des voix divergentes. Michel-Yves Bernard avait lui-même décrit le problème dans son ouvrage. Il mentionnait que la recherche appliquée a besoin de gros moyens et que la solution indiquée en 1967[1] était de proscrire toute installation de recherche ; l'obligation de recherche devait s'accomplir dans des laboratoires de voisinage. Il était aussi possible de prêter des chercheurs à des laboratoires.

Le rapport de l'IGAENR de juillet 1982 mentionnait que l'absence de recherche est parfois totale. Il signalait une telle situation à l'université du Littoral, à Lille II, à Paris V, à Sceaux, à Paris XI, à Vannes, à Rennes II ; quelquefois, on notait une assistance technique aux entreprises à Besançon, à Bordeaux III, à Lille I mais aussi de véritables laboratoires dans les IUT à Bourges, à Limoges, à Egletons, à Belfort (en association avec le

1 Circulaire du 26 juin 1967.

CNRS en informatique dans ce dernier lieu). Au Creusot, une activité de spectroscopie hertzienne, à Mulhouse, de génie électrique, à Nantes, en informatique. Souvent, des recherches étaient menées dans l'université, ou en convention avec des entreprises. Le problème de la recherche est parfois un handicap pour les enseignants : la durée d'étude en vue de la thèse peut se trouver allongée d'un an ou deux ; quelques-uns sont dans l'incapacité de faire leur thèse. Il existe des cas où le professeur est obligé de demander sa mutation pour poursuivre et achever ses études.

La Cour des comptes a consacré quelques pages de son rapport de 1994 sur les IUT au problème de la recherche. Il existe, selon cette source, peu d'activité de recherche dans les IUT, et l'assistance technique aux entreprises est le cas le plus répandu. Quelquefois, des équipements sont installés à l'IUT par l'université, ou appartiennent à des entreprises, quelquefois encore, ils sont propres à l'IUT. Ce rapport met en évidence l'ambiguïté de la situation : aucune disposition législative ou réglementaire ne traite de la recherche en IUT. Mais, statutairement, les enseignants des enseignements supérieurs ont une obligation de recherche.

Ces contradictions expliquent la diversité des situations relevées. C'est ainsi que des laboratoires des instituts ont été reconnus comme unités de recherche associées (URA) du CNRS. Mais cette situation ne peut se généraliser car on exige des effectifs de dix personnes pour reconnaître une équipe de recherche, cas qui peut être peu fréquent en IUT. En outre, l'activité de recherche des enseignants chercheurs est mal connue.

Le cas le plus fréquent est que les enseignants qui font de la recherche la pratiquent ailleurs qu'en IUT. La recherche par convention avec une association présente aussi, selon la Cour, des risques pour l'organisme public qui n'est pas le principal bénéficiaire des produits de la recherche.

Mais si aucune recherche n'est faite dans les IUT, se pose le risque de « secondarisation » que connaissent les centres universitaires qui peuvent tendre à ressembler à des lycées prolongés.

L'INSTABILITÉ DE LA NOTION DE TECHNICIEN SUPÉRIEUR

Quelle carrière ?

Les IUT tiennent leur originalité de leur vocation à former des techniciens, leur dénomination première : « instituts de formation technique supérieure » évoquait la fonction de technicien supérieur déjà employée depuis 1959 pour désigner les élèves des classes spéciales créées dans l'enseignement technique du second degré. En 1965, les initiateurs des IUT n'avaient pas de doute sur l'existence de cette fonction et sur sa pérennité. Entre 1965 et la période actuelle, des transformations ont affecté les activités économiques et ont nécessairement eu des répercussions sur les fonctions exercées par les techniciens supérieurs. On tentera de faire le point sur l'évolution de ces fonctions, sur la situation faite aux techniciens supérieurs, sur leur carrière.

L'histoire de l'enseignement technique est marquée par la répétition du manque d'ingénieurs et de techniciens, les crises étant souvent suivies de la création de nouvelles filières de formation. Pour s'en tenir aux techniciens et techniciens supérieurs, la question a été posée dans le domaine industriel, dans les années 1950, par les milieux patronaux, notamment l'UIMM, par le Conseil économique et social[1], par le Plan (2e Plan, 1954-1957). Il y a été répondu par l'Éducation nationale par la création du brevet de technicien en 1957[2], après bien des tergiversations liées au rôle des Écoles nationales professionnelles[3] qui assuraient seules, à cette époque, une formation de ce niveau. Les formations les plus nombreuses étaient celles du Brevet d'Enseignement Industriel (BEI) et le Brevet d'Enseignement Commercial (BEC) mais ces formations pourtant

1 *JO* Conseil économique et social du 21 avril 1953.
2 Décret du 26 août 1957.
3 *Cf.* Brucy, Guy, *Histoire des diplômes de l'enseignement technique et professionnel (1880-1965)*, Belin, Paris 1998.

classées au niveau IV de techniciens étaient inférieures au niveau du baccalauréat et n'attiraient plus suffisamment les élèves dans les années 1950. Ces formations rassemblaient encore en 1953 près de 3 000 élèves. Certains des brevets sont devenus des brevets de techniciens supérieurs en 1959. Des réponses ont été aussi apportées par les baccalauréats de techniciens (1965) et les baccalauréats technologiques (1968).

QUELLE DÉFINITION DU TECHNICIEN SUPÉRIEUR ?

Les techniciens supérieurs ne constituent pas une catégorie sociale organisée. On ne trouve pas de syndicat ni d'amicale des techniciens supérieurs mentionnés dans la documentation sur les professions. Seule la Fonction publique a donné cette dénomination à des corps ou à des grades, dans certains ministères, dans la fonction publique territoriale ou hospitalière.

On ne trouve pas non plus de définition du technicien supérieur dans les conventions collectives, qui mentionnent toutefois le diplôme universitaire de technologie, titre que possèdent les anciens étudiants des IUT ainsi que des BTS. En fait, les définitions de fonctions se trouvent dans les textes de l'Éducation nationale, relatifs à la formation, et dans les statuts des fonctionnaires des corps ayant cette appellation.

Les arrêtés qui fixent les programmes d'enseignement des différents départements des IUT en 1977 comportent un avant-propos qui se réfère parfois au rapport déposé en 1965 par le groupe de travail dit « commission des instituts de formation technique supérieure » : ces formations doivent être définies sur la base de quelques spécialités très larges afin de préparer non à telle ou telle profession, mais à des types de fonctions, afin de faciliter des reconversions et adaptations éventuelles[1].

Par exemple, en « génie mécanique », les intéressés seront des généralistes avec une formation technique, scientifique et universitaire suffisamment solide et ouverte pour pouvoir travailler avec des spécialistes de leur

1 Arrêté du 25 juillet 1977, programme des départements de « génie mécanique » des IUT, BO nº 33 du 22 septembre 1977.

niveau, comme avec les ingénieurs dont ils sont en fait les collaborateurs ; ils sont capables d'enrichir leur travail par des connaissances théoriques, sans être des théoriciens. On compte sur une bonne expérience pratique des matériaux et des machines pour assurer leur crédibilité. Ils doivent être capables d'analyser un ensemble mécanique, de discuter un cahier des charges, d'assurer la préparation du travail, de suivre les contrôles de qualité et les mises au point, de maîtriser le dossier industriel, la documentation technique.

Leur place est dans les bureaux d'études, dans les services de contrôle qualité-essais, dans les services de préparation du travail et de production (coordination, gestion, entreprises) dans les services techniques d'achat de vente et d'après-vente). Les descriptions de fonction n'ont guère varié dans le temps. En 1981, en génie électrique[1], la définition des fonctions mobilise quatre pages du *BOEN*. On précise bien que le technicien est un assistant de l'ingénieur, mais que, quelquefois, il le remplace. L'arrêté mentionne, dans un paragraphe relatif à la carrière, un accord national du 21 juillet 1975 sur les classifications professionnelles dans les industries métallurgiques et minières qui garantit un classement minimal qui pour les DUT, à l'accueil, ne sera pas inférieur au 1er échelon du niveau IV (coefficient 255). L'intéressé a vocation à progresser pour atteindre le niveau V et peut aller au-delà par la promotion interne ou la formation permanente. Les programmes et horaires des départements de « carrières juridiques et judiciaires[2] » sont beaucoup moins renseignés sur la définition des fonctions, qui débouchent sur « un éventail très large de professions aux activités diversifiées, dans le monde juridique et judiciaire, dans la fonction publique ».

LES CONVENTIONS COLLECTIVES

La reconnaissance de la fonction de technicien supérieur dans les conventions collectives a été une demande ancienne des personnels et des étudiants des IUT. Elle a fait l'objet de remarques de la part du

1 Arrêté du 10 juillet 1981, *BO* du 13 octobre 1981.
2 Par exemple, arrêté du 10 août 1977., BOEN n° 32 du 15 septembre 1977, p. 2614.

seul syndicaliste de la commission dite des IFTS, Pierre Galoni. Ce point était aussi une des revendications des étudiants en grève en 1976[1].

L'importance des classifications professionnelles dans les conventions collectives a été affirmée dans le protocole d'accord de Grenelle du 27 mai 1968. La mention des diplômes professionnels dans les conventions collectives étendues a été rendue obligatoire par la loi du 16 juillet 1971 sur l'enseignement technologique et cette obligation a été introduite dans le code du travail en 1973. Mais cette obligation n'empêche pas que les DUT, comme les BTS, tout en étant reconnus pour accéder au niveau III de qualification débutant au coefficient 305, ne donnent lieu dans la pratique qu'à un accueil au niveau inférieur (IV) avec des coefficients 255, puis 270 au bout de 6 mois et 285 après 18 mois, dans le cas de la métallurgie. Néanmoins le DUT est reconnu dans les conventions collectives dans 55 % des branches des secteurs industriels mais moins fréquemment dans le secteur tertiaire (30 %). Le BTS est plus cité dans le secteur tertiaire.

Le SNES avait saisi, le 16 mars 1973, le ministre de l'Éducation nationale de ce problème et E. Faure lui avait répondu que son prédécesseur avait appelé l'attention des partenaires sociaux sur ce problème. Lui-même avait demandé à son représentant à la commission supérieure des conventions collectives de réitérer ces interventions[2]. De fait, les conventions collectives emploient le terme générique de « techniciens » sans traiter spécifiquement la situation des techniciens supérieurs. S'agissant des emplois occupés par les titulaires d'un DUT, ils sont traités sous la rubrique « techniciens, employés, professions intermédiaires ». Le diplôme garantit un seuil de classification minimum à l'accueil et définit une progression de début de carrière, au moins dans les professions industrielles. Ce problème de reconnaissance dans les conventions collectives est permanent. Il est dû, à son origine, à une divergence fondamentale de vues entre le monde de l'enseignement et celui de l'entreprise. Les enseignants sont imprégnés du droit de la Fonction publique où à certains critères sont liés certains droits. Le monde de l'entreprise, au contraire, a le souci de tester les capacités du personnel recruté dans un contexte professionnel en refusant de s'en remettre aveuglément à la possession d'un diplôme.

1 Domenc, Michel, Gilles, Jean-Pierre, *Les techniciens supérieurs, cadres ou ouvriers*, Paris, CERF, 1977.

2 *Lettre du 10 août 1977*, archives du SNES.

Les milieux du patronat soutiennent en outre qu'ils ont le devoir de protéger les développements de carrière du personnel en place et d'arbitrer entre les droits à la promotion interne et ceux des diplômés récemment recrutés. C'est un fait, en effet, que le reproche a parfois été fait aux recrutements de titulaires de diplôme de niveau III, comme le DUT, de bloquer l'avancement des techniciens en place. Le même problème de débouchés se retrouve d'ailleurs, à certaines époques, quant au développement de carrière des titulaires de DUT. Sous-jacent à cette situation bien française se trouve le problème de la faible crédibilité de la formation continue qui, plus structurée, pourrait, on peut toujours en rêver, être articulée et coordonnée avec la formation initiale pour faciliter les développements de carrière.

Depuis que le pari a été pris, en 1966, de consacrer une activité de l'enseignement supérieur à la fonction de techniciens supérieurs, l'organisation de la production et des services a évidemment évolué. Elle a eu des répercussions sur la répartition des tâches entre les différentes catégories d'agents. Pour s'en remettre à des observations faites par des témoins, à défaut d'études approfondies, il semble que, au moins dans le domaine industriel, la répartition des tâches entres ingénieurs et techniciens supérieurs ait été modifiée. Cette modification, consécutive notamment aux progrès de l'informatisation, peut affecter par exemple le rapport numérique entre ingénieurs et techniciens supérieurs : là où il fallait dans les bureaux d'études quatre techniciens supérieurs pour un ingénieur, il n'en faut parfois plus que un pour quatre ingénieurs, cite-t-on par exemple ; ce qui peut avoir pour conséquence d'affecter plus souvent les techniciens supérieurs à la production et moins aux tâches d'études. Ces observations ne sont que des indications ayant été glanées au cours des interviews, mais ce qui est certain, c'est que de plus en plus souvent, les études prospectives telles celles de l'UIMM évitent de distinguer les besoins prévisibles par grades, mais traitent des fonctions techniques sans distinguer les grades de techniciens, ingénieurs et cadres, ce qui laisse penser qu'une grande latitude est laissée pour faire face aux besoins au regard du personnel disponible. Une autre remarque est que les attentes des employeurs précisent moins des degrés de compétence acquise et plus des aptitudes personnelles à s'intégrer et à évoluer. Dans ces conditions, les frontières créées par les diplômes entre catégories de personnel tendent à s'atténuer selon les capacités acquises et les aptitudes des personnes[1].

La même évolution concernait la répartition des tâches entre techniciens et techniciens supérieurs. Les premiers, classés dans le niveau IV des qualifications étaient, dans les années 1960, formés par les brevets de techniciens, baccalauréats de techniciens, puis baccalauréats technologiques. À la suite des évolutions des processus de production, la frontière entre les tâches des techniciens de niveau IV et celles des techniciens (supérieurs) de niveau III est devenue moins discernable, ce qui explique l'imprécision qui plane sur le classement des titulaires du DUT comme des titulaires de BTS dans les conventions collectives au début de leur carrière. Parallèlement, une concurrence est apparue au détriment des titulaires de DUT, avec l'arrivée de titulaires de masters et d'ingénieurs de « petites » écoles. Il semble donc que les répartitions entre techniciens, techniciens supérieurs et ingénieurs, relativement claires à l'époque de la création des DUT, se soient altérées sans qu'il soit très facile de donner une représentation nouvelle très satisfaisante.

L'ENTRÉE DANS LA VIE ACTIVE

Elle n'a jamais été source de difficultés. Il faut toutefois distinguer entre risque de chômage et classement dans les grilles hiérarchiques. La scolarité dans les IUT est, dans l'ensemble, une garantie contre le chômage. Une enquête du CEREQ portant sur l'année 1981[2] mentionne des taux de chômage de 6 % pour les hommes et de 18 % pour les femmes (les taux correspondants pour les sorties de STS étant de 7 et 11 %). À la fin des années 1980, les conditions d'insertion des diplômés de l'enseignement supérieur en général s'améliorent : les taux de chômage sont de 4,5 % pour les diplômés de 1988[3].

1 *Cf.* par exemple « *Emploi 2015* » – Étude prospective sur l'évolution des emplois et métiers de la métallurgie – synthèse – septembre 2012. L'observation prospective et analytique des métiers et qualifications de la métallurgie n° 1 – UIMM – 2007.

2 *Cahiers de l'observatoire national des entrées dans la vie active*, n° 8. *La Documentation Française*, février 1982.

3 *CEREQ*, Bref, n° 82, décembre 1992.

En 1987, 65 % des titulaires d'un DUT ont trouvé du travail en moins de six mois, 89 % en moins d'un an (les titulaires d'un BTS ayant un sort un peu privilégié). Cette situation jugée favorable est contrariée par la difficulté à obtenir un contrat à durée indéterminée (53 %). Cette situation fait suite à des difficultés signalées entre 1983 et 1987. Au cours de cette période, les taux de chômage à 2 ans et 9 mois de la fin de scolarité se sont accrus pour les DUT informatique, génie civil, génie électrique, génie mécanique, carrières de l'information, informatique, gestion des entreprises et des administrations. La situation s'est améliorée par la suite dans les années 1990 : en septembre 1993, les taux d'emploi en CDI sont de 78 % dans les spécialités industrielles et de 86 % dans les spécialités tertiaires, trois ans après la fin des études.

En ce qui concerne le niveau de classement, les diplômés de 1988 accèdent de plus en plus aux professions intermédiaires (entre cadre et employé)[1]. De 1983 à 1991, l'accès aux professions intermédiaires est passé de 87 à 92 % pour les titulaires de DUT industriel. Entre 60 et 80 % des diplômés de DUT industriels sont dans les professions intermédiaires et de 30 à 50 % des DUT tertiaires ; les spécialités les moins avancées en ce sens sont la biologie appliquée et l'informatique. Les salaires des sections industrielles sont supérieurs à ceux des sections tertiaires. Les meilleures rémunérations sont attachées aux fonctions du génie civil, de la mécanique, de l'électricité, du génie électrique, de l'informatique, du commerce.

Dans les années 1990, les professions intermédiaires administratives et commerciales des entreprises et administrations rassemblent 60 % des titulaires de DUT sortants mais la grande masse de ces emplois est encore occupée par d'autres personnels vu le poids des recrutements anciens. 30 % des DUT sortants sont classés comme ouvriers ou employés, ce qui confirme la conduite des entreprises qui embauchent à un niveau relativement bas pour se réserver une marge d'appréciation avant d'accorder un classement plus avantageux.

En ce qui concerne la répartition par âge, à partir de 1990, les effectifs des professions intermédiaires de plus de 30 ans augmentent, ceux des moins de 30 ans diminuent, ce qui manifeste une baisse du niveau des emplois offerts aux titulaires des DUT et BTS (l'enquête est commune).

1 CEREQ, document de travail n° 87, septembre 1993.

Le phénomène est particulièrement grave dans le secteur tertiaire. L'accès à la qualité de cadre concerne moins de 10 % des jeunes après 2 ans et demi d'exercice. Les emplois de cadres sont tenus à 65 % par des agents de niveau supérieur à « bac +2 ». Il y a donc concurrence de candidats issus d'un second cycle. C'est la raison pour laquelle Bernard Decomps a été saisi de la production d'un rapport sur le passage de technicien supérieur à ingénieur (1989).

LES DÉVELOPPEMENTS DE CARRIÈRE

M.-Y. Bernard avait mentionné dans son ouvrage de 1970[1] le problème que pouvait poser le vieillissement des techniciens supérieurs. Il pensait leur permettre d'accéder à des postes de commandement. Le problème s'est en effet posé à plusieurs reprises. L'analyse ci-dessous est limitée aux emplois secondaires pour lesquels des sources statistiques sont disponibles. Il n'est d'ailleurs pas sans lien avec celui des poursuites d'études : si les débouchés de carrière apparaissent rares pour un étudiant d'IUT, il a intérêt à tenter un recrutement dans une école d'ingénieurs. L'évolution des effectifs de techniciens et des ingénieurs en formation a contribué à activer ce problème. En 1968, on formait 5 100 techniciens supérieurs et 8 800 ingénieurs. Les courbes de flux se sont modifiées en 1971 et, en 1975, on formait 21 300 techniciens supérieurs pour 12 500 ingénieurs[2].

Cette modification des flux a eu des conséquences sur les déroulements de carrière des techniciens supérieurs. Au bout d'une douzaine d'années, ils atteignaient dans les années 1980 par exemple, dans le champ de l'accord de la métallurgie, le 3e échelon, coefficient 365 du niveau V et se posait pour eux le problème de l'accès à la qualité de cadre. À la fin des années 1980, des signaux d'alarme ont été émis, notamment dans la presse, sur les blocages de carrière que connaissaient les intéressés : *le Monde de l'Éducation* de décembre 1989 : « Malaise chez les techniciens supérieurs », *l'Usine nouvelle* du 28 juin 1990 : « Les techniciens

1 Bernard, M.-Y, *Les IUT*, *op. cit.*
2 Source ANEP, mai 1986, repris par CEREQ, Collection des études n° 28.

supérieurs entre rêve et réalité », *Libération* du 27 février 1990 : « le cul de sac des techniciens supérieurs », *le Monde* du 17 janvier 1990 : « L'avenir incertain des sous-officiers de l'industrie et du tertiaire[1] ». Le CEREQ[2] opposait deux cas de figure dans les solutions envisagées par les entreprises pour sortir de cette situation : une société de construction automobile penche pour le renforcement, par une formation, de la compétence des techniciens, ou, à défaut, pour n'embaucher que des ingénieurs ; une entreprise d'avionique penche pour la transformation des techniciens en « ingénieurs de spécialité » ou en « ingénieurs-techniciens ». Se pose donc un problème de redéfinition des frontières entre techniciens supérieurs et ingénieurs.

Frédéric Sueur, dans un mémoire soutenu au centre régional associé du CNAM de Lille (juin 1991), a étudié les conditions d'optimisation de la gestion des techniciens supérieurs dans un organisme, le centre électronique de Mons-en-Bareuil de la compagnie Thomson-CSF : les techniciens supérieurs étaient classés par la convention collective dans les non-cadres administratifs-techniciens. Ils arrivaient au bout de la grille en 12 ans et 7 mois. L'auteur signalait la difficulté que rencontraient les techniciens supérieurs pour devenir ingénieurs par les voies de formation qui s'offraient à eux, la plus connue étant celle du CNAM ; en 1996, sur 113 inscrits du cycle « ingénieur », 25 seulement avaient obtenu le diplôme. Des solutions locales offertes par l'entreprise par promotion interne permettaient de donner un diplôme à 3 ou 4 personnes par an depuis 1991 mais il existait 187 cas à traiter pour régler la situation des plus de 30 ans. Une pratique de « l'essaimage » orientait aussi certains agents vers la création d'entreprises.

Il existe bien un ensemble de dispositifs qui permettent d'accéder à la qualification d'ingénieurs. Mais tous ne sont pas aisés à pratiquer par des techniciens supérieurs qui ont un emploi souvent prenant. La filière « Fontanet » a été instituée en 1974. Elle permet à des titulaires de DUT ou de BTS justifiant d'une expérience professionnelle de 3 ans au moins de suivre, en formation continue, un enseignement dans des écoles d'ingénieurs, organisé en un cycle préparatoire et un cycle

---

1 Citations extraites du mémoire de Frédéric Sueur, « Optimisation de la gestion des techniciens supérieurs », CRA du CNAM de Lille, juin 1991.

2 Guillon, Roland, « Techniciens en formation continue d'ingénieurs », *Cereq*, Collection des études, n° 28, 1986.

terminal qui est celui des dernières années de formations d'ingénieurs. La formation est prise en charge selon les modalités nationales de la formation des adultes.

Une autre voie d'accès est celle des Centres des Études Supérieures Industrielles (CESI), organisme créé en 1958 par quatre grandes entreprises industrielles et composé actuellement de trois structures, deux sociétés par actions simplifiées et une association qui assure, entre autres, des formations ouvertes aux techniciens ayant cinq années d'expérience professionnelle qui souhaitent acquérir le titre d'ingénieur. La formation est répartie sur trois années. Dans le cadre des pistes tracées par le rapport Decomps, les Formations d'Ingénieur en Partenariat (FIP) mises en place en 1989-1990 sont ouvertes aux « bac+2 » justifiant de 5 années d'expérience professionnelle. Elles comportent 1 600 heures de cours en deux ou trois ans, complétées par une formation en entreprise (67 formations).

La filière DPE (diplômé par l'État), existe depuis la loi du 10 juillet 1934 sur la protection du titre d'ingénieur diplômé. Elle consiste en une validation de compétences par un jury à l'issue d'un entretien et au vu d'un rapport préparé par le candidat. Les conditions sont d'être âgé de plus de 35 ans et de justifier de 5 ans d'expérience professionnelle dans les fonctions d'ingénieurs.

Il n'existe pas d'étude renseignant sur l'usage qui est fait de ces dispositifs et sur leur conséquence sur la fluidification des carrières. L'absence d'organisation syndicale ou corporative des techniciens supérieurs ne facilite pas la compréhension des déroulements de carrière. Ces dispositifs ne concernent pas le secteur commercial.

LA RÉSISTANCE DES SECTIONS DE TECHNICIENS SUPÉRIEURS

Les initiateurs des formations en IUT avaient le projet de mettre fin aux sections de techniciens supérieurs. Certes, le texte du décret du 7 janvier 1966 était assez prudent, mais l'intention était bien présente. La prudence est perceptible dans la rédaction de l'article qui dispose « au fur et à mesure de la création des enseignements dans les instituts universitaires de technologie, le Ministre de l'Éducation nationale fixera par arrêté les modalités suivant lesquelles les enseignements correspondants préparant à des brevets de techniciens supérieurs et à des diplômes d'études supérieures techniques seront supprimés ou modifiés ». Il n'y avait donc pas de mesure générale de suppression de BTS, mais la perspective d'une suppression ou d'une modification. Il y avait même, au pied de la lettre, une obligation de fixer des modalités de suppression ou de modification des enseignements des STS, car le maintien pur et simple n'était pas envisagé.

On pouvait donc s'attendre à voir le nombre des STS décroître à mesure qu'augmenterait le nombre des départements d'IUT. En fait, il n'en a rien été et les effectifs des étudiants des STS ont dépassé à partir de l'année scolaire 1980-1981 ceux des IUT.

À partir de 1985, la montée des effectifs des STS a été très rapide. En fait, la création des IUT a été accompagnée d'une stagnation des STS jusqu'en 1973, mais après cette date s'est amorcée une progression qui s'est amplifiée fortement dans les années 1980. En 2007, le nombre de DUT délivrés est de l'ordre de la moitié de celui des BTS[1].

Une première remarque : les STS bénéficiaient de l'antériorité : elles étaient la réponse déjà apportée par l'Éducation nationale à une demande des milieux économiques en formation de techniciens.

---

1 *CPC info* n° 48, premier semestre 2009, p. 16.

	1970-1971	1975-1976	1980-1981	1985-1986	1990-1991	1995-1996	2000-2001	2005-2006	2008-2009
Étudiants IUT	24 195	43 526	53 826	62 867	74 293	102 953	118 827	112 026	117 278
Étudiants des STS	26 840	38 045	55 188	90 941	196 647	221 343	233 167	224 019	227 180
dont privées	6 408	8 007	15 121	29 399	NR	65 416	71 468	67 272	74 264

FIG. 15 – Effectifs d'étudiants des IUT et des STS.
Source : A. Prost et J.-R. Cytermann, *Une histoire en chiffres de l'Enseignement supérieur en France*, *op. cit.*

La demande de techniciens, portée par le Conseil économique, en 1953, puis par les commissions du Plan, par l'UIMM et le CNPF a connu une réponse par la création des brevets de techniciens en application du décret n° 52-178 du 19 février 1952. Le terme de brevet de technicien supérieur est mentionné dans le décret n° 59-57 du 6 janvier 1959 portant réforme de l'enseignement public. L'article 35 dispose que les techniciens supérieurs sont formés dans des écoles ou sections spéciales et recrutés parmi les techniciens brevetés, et les élèves de l'enseignement général. En 1962, le décret n° 62-216 du 26 février portant application de cet article définit les modalités de ce recrutement et un arrêté du 2 août fixe la liste des brevets de technicien qui deviennent brevets de technicien supérieur. Ces brevets de technicien transformés constituent donc l'origine principale de la catégorie des techniciens supérieurs. Une autre origine est celle des diplômes d'études supérieurs techniques délivrés dans les facultés à partir d'un groupement de certificats de licence assortis d'un stage dans les activités économiques. Mais la qualité de cette formation était inégale et l'opinion générale dans les milieux économiques et universitaires ne leur était pas favorable. Cette appréciation n'entachait toutefois pas les DEST du Conservatoire national des Arts et Métiers qui relèvent d'une autre conception. Les DEST universitaires ont été remplacés par des masters.

Au moment où les premiers IUT ont été créés, les sections de techniciens supérieurs avaient déjà une vingtaine de milliers d'étudiants. Elles étaient une partie intégrante de l'enseignement technique et, bien que le terme de technicien supérieur ne date que de 1959, elles étaient enracinées dans l'enseignement technique, par les brevets de techniciens, depuis 1952. Le milieu de l'enseignement technique se les était appropriées et elles faisaient partie de son territoire.

Un facteur important de la résistance des sections de techniciens supérieurs réside dans l'existence d'un ensemble de groupes administratifs ou professionnels liés à l'enseignement technique.

L'élément le plus puissant est certainement celui de l'Inspection générale de l'enseignement technique. Les inspecteurs généraux ayant compétence sur l'enseignement technique, actuellement fusionnés dans le corps de l'Inspection générale de l'Éducation nationale, sont demeurés un ensemble distinct jusqu'en 1980. Les chefs d'établissement de l'enseignement technique étaient évidemment aussi intéressés à l'existence et au développement des sections de techniciens supérieurs : la création d'une section était un élément de valorisation de leur établissement aux yeux des élèves et des parents.

Les villes, selon leur taille, trouvaient des avantages aux STS : si la distance était trop grande jusqu'à l'université, la STS offrait à la population l'avantage d'une continuation d'études après le baccalauréat sans engager les dépenses d'installation des jeunes hors de leur résidence familiale. Les entreprises pouvaient aussi trouver dans la présence des STS des possibilités d'engagement de techniciens et de cadres moyens. Souvent, elles avaient des relations suivies avec l'établissement par l'organisation de stages, le placement des élèves, la collecte de la taxe d'apprentissage.

Les milieux des employeurs ont certes accueilli la création des IUT d'une manière favorable, mais sans pour autant abandonner leur soutien aux STS. D'une manière générale, le CNPF a soutenu le progrès des IUT, mais en tenant compte du fait que les branches professionnelles gardaient un attachement aux anciennes STS. L'Association française pour le développement de l'enseignement technique (AFDET), créée en 1902, qui pouvait se prévaloir dans le passé de l'appui de personnages importants tels que Édouard Herriot ou Alfred Jules-Julien, qui l'ont présidée, rassemblait et rassemble encore des membres de l'enseignement technique et des responsables des professions desservies par cet enseignement.

L'AFDET, à s'en rapporter au contenu de sa revue « *L'enseignement technique* », n'a pas pris parti contre les IUT lors de leur création, mais son soutien aux STS ne lui a pas non plus manqué. Et sa structure était beaucoup plus orientée vers l'enseignement du second degré que vers l'enseignement supérieur. Les STS bénéficiaient d'un autre avantage, celui de la relative simplicité de leur procédure de création : proposition du recteur sur le rapport de l'inspecteur principal de l'enseignement technique, examen par l'Inspection générale, avis de la Commission professionnelle consultative compétente pour la spécialité, décision du directeur chargé des lycées, par la suite, du Recteur après déconcentration en 1985. Les locaux étaient trouvés dans le lycée, de même souvent, que les professeurs.

En regard, la procédure de création d'un IUT était beaucoup plus lourde : détermination d'une ville d'implantation, qui supposait un choix parmi plusieurs candidatures, accord de l'université d'accueil, dégagement de locaux, voire une construction nouvelle, achat de matériel, création d'un dispositif d'accueil des étudiants. Un décret était nécessaire après avis des conseils d'université et d'établissement et du conseil de l'enseignement supérieur. En outre, un département devait rassembler 150 étudiants par année. Il était nécessaire en outre de nommer du personnel de l'enseignement supérieur et de l'enseignement du second degré. La disparité des conditions de création des structures jouait donc en faveur des STS. Il s'ajoute à ces faits que les STS privées se sont multipliées dans des proportions importantes au cours des années. Leur part dans l'ensemble des effectifs des STS est passée de 21 % en 1975 à 30 % en 2005. Cette importance numérique aurait rendu difficile une suppression des STS.

Au-delà de ces différences des conditions de création et de gestion, une place essentielle doit être faite à l'absence de politique générale de la formation des techniciens supérieurs : sans doute du fait de la résistance de l'enseignement technique traditionnel, aucune décision n'a été prise quant à l'autorité qui aurait à gérer l'ensemble du problème. La direction de l'enseignement supérieur a pris en charge les IUT, mais les STS sont demeurées dans la mouvance de la direction chargée des lycées. Chacune a créé ou poursuivi ses pratiques de décision et de gestion sans coordination avec l'autre entité. Le problème s'est aggravé à partir du moment où les régions, en vertu de la loi de décentralisation, ont reçu le pouvoir de gérer la carte scolaire, et la charge de subvenir aux besoins de financement des lycées. Pratiquement à la même période, le ministre a déconcentré sur les recteurs la décision de créer les STS. Ces mesures expliquent l'explosion de la création des STS à partir de 1985.

Premier étonnement à cette situation : il n'y a pas trace d'une mesure expresse abandonnant l'idée d'une suppression des STS. Le ministère s'est contenté de ne pas prendre les mesures de suppression que permettait le décret de 1966. Un doyen de l'Inspection générale de l'enseignement technique, Robert Pajot, se souvient avoir plaidé devant René Haby, alors ministre de l'Éducation nationale en 1974, l'arrêt des suppressions des STS que certains recteurs prononçaient. Le ministre a promis de tenir compte de cette demande. Est-ce vraiment ainsi que l'affaire s'est réglée[1] ?

---

1 Lettre de Robert Pajot du 17 janvier 2012.

Autre sujet d'interrogation, l'absence de politique ministérielle, qui a été critiquée à plusieurs reprises ; l'Inspection générale de l'administration de l'Éducation nationale et de la recherche a posé périodiquement le problème de la définition de la place des IUT dans la politique de formation en 1974, 1982, 1994. Il n'y a pas eu d'écho, mais des mesures timides qui n'ont pas laissé de traces. Par exemple, un arrêté du 12 novembre 1987 relatif à une réorganisation des services mentionne une mission des formations post-baccalauréat commune à la direction des enseignements supérieurs et à la direction des lycées et collèges, et rattachée à cette dernière. Il ne semble pas y avoir eu de suite. Le rapport de la Cour des comptes de 1994 fait allusion à une telle mission en janvier 1992, mais ne la crédite d'aucun résultat. La gestion des STS a été transférée de la direction des lycées et collèges à la direction des enseignements supérieurs et regroupée, dans un même bureau, avec celle des DUT, mais les procédures de création des structures n'ont pas été modifiées, et les deux filières ont conservé leurs propres organismes consultatifs en matière pédagogique. Déjà, dans son rapport annuel de 1976, la Cour des comptes estimait que la fermeture de toutes les STS était une hypothèse peu vraisemblable et qu'elle n'avait pas été possible par suite des « prises de position divergentes » du Ministre de l'Éducation nationale. Les divergences ont atteint une telle dimension qu'il paraît difficilement envisageable d'imaginer une quelconque fusion. C'est la conclusion du rapport du recteur Jean Sarrazin de janvier 2010 qui plaide pour une instance régionale de coordination des formations de BTS et de DUT.

Le réalisme conduit à penser que les deux voies ont leur justification : les critiques portées contre l'éparpillement des spécialités des STS ont perdu de leur pertinence à partir du moment où, sous la pression du chômage des jeunes, toute formation susceptible de déboucher sur un emploi est utile, quelle que soit l'impression de désordre qui peut en résulter pour un observateur soucieux de l'esthétique administrative. Et les spécialités ne sont pas créées sans raison valable.

Les publics sont différents et l'orientation de plus en plus accentuée en DUT vers une préparation aux formations supérieures longues, modifie considérablement les termes de la comparaison entre les deux filières. Les STS s'adressent à une population un peu plus fragile sociologiquement que les IUT. Elles continuent à pourvoir aux emplois de technicien supérieur alors que les IUT ne le font plus que parcimonieusement. Elles sont d'un maniement beaucoup plus simple que les IUT pour assurer une desserte convenable des petites villes, et, comme il a été dit plus haut, elles sont beaucoup plus faciles à mettre en place que les formations de type IUT. Bien sûr, la juxtaposition de filières ayant des objectifs relativement communs n'est pas d'une orthodoxie administrative parfaite, même si on n'a pas de raison de penser qu'elle conduit à des dépenses budgétaires supplémentaires. On peut d'ailleurs se demander si ces juxtapositions ne sont pas bénéfiques par l'émulation qu'elles génèrent, et par la diversité des moyens qu'elles offrent à l'administration.

Une conclusion, quelque peu désabusée, est que les décisions administratives n'aboutissent pas nécessairement à la réalisation des objectifs initiaux, mais à d'autres résultats parfois inattendus, avec lesquels il faut vivre. Ce ne serait pas la première fois qu'une telle constatation s'imposerait.

Une autre est que les décisions administratives sous-estiment parfois la résistance des structures en place : la facilité de création des STS et les intérêts professionnels en jeu se conjuguaient pour sauvegarder le territoire des lycées techniques.

LES ÉTUDIANTS ET LES ÉTUDIANTES, QUEL RECRUTEMENT ?

DÈS L'ORIGINE, UN RECRUTEMENT LARGEMENT OUVERT AU NIVEAU DU BACCALAURÉAT

Les IUT étaient ouverts aux bacheliers, dans la perspective de diversifier les enseignements supérieurs. L'article 5 du décret n° 66-27 du 7 janvier 1966 et le rapport au Premier Ministre qui l'accompagne mettent sur le même pied, pour la candidature à l'entrée, tous les titulaires d'un baccalauréat ou d'un titre admis en dispense, et les candidats reçus à un examen d'entrée. Aucune indication n'est donnée sur une éventuelle préférence à donner aux candidats appartenant à l'une ou l'autre de ces catégories. Il n'est pas non plus trouvé trace dans les travaux préparatoires ni dans les déclarations des auteurs du décret du 7 janvier 1966 d'indices permettant d'identifier leurs intentions à ce sujet.

Il ne semble pas d'ailleurs que cette question ait beaucoup préoccupé les responsables jusqu'à la fin des années 1980. À partir de 1990, des interrogations se sont fait jour sur le point de savoir si une priorité ne devrait pas être donnée aux bacheliers technologiques sur les bacheliers généraux qui prenaient une place de plus en plus grande dans les IUT, alors que les titulaires des baccalauréats technologiques connaissaient souvent des échecs lorsqu'ils suivaient le cursus de la licence. Par la suite, la même interrogation s'est posée à propos des titulaires d'un baccalauréat professionnel.

Depuis lors, cette question de la préférence à donner à tel ou tel type de baccalauréat n'a cessé d'être posée et elle anime encore en partie des débats relatifs aux IUT. On tentera de faire l'historique de ce débat.

Une circulaire du 13 juillet 1966[1] a fixé les modalités transitoires de recrutement : une priorité est d'abord donnée aux candidats déjà inscrits dans une classe de BTS qui sera supprimée à la rentrée. Ensuite, une sélection est effectuée par un jury parmi les candidats :

– soit titulaires d'un baccalauréat de l'enseignement secondaire ;
1. séries mathématiques, ou mathématiques et techniques (en C et T), pour tous les départements ;
2. séries sciences expérimentales (ex série D) pour trois types de départements spécifiques ;
3. toutes séries pour les départements gestion des entreprises et informatique ;
– soit admis à l'examen spécial d'entrée en faculté (pour les départements précités) ;
– soit en possession d'un titre admis en dispense du baccalauréat en vue de la licence en droit (mêmes départements) ;
– soit titulaires du diplôme d'élève breveté des lycées techniques d'État ou du brevet de technicien pour certains départements.

Les baccalauréats de techniciens n'étaient pas encore délivrés, puisque le texte qui les crée est daté du 10 juin 1966. Il n'y avait ni exclusion ni préférence à l'égard des candidats de l'enseignement technique, dont les brevets de technicien sont par ailleurs pris en compte. Mais du fait de l'antériorité du baccalauréat général sur le baccalauréat de technicien qui n'était pas encore délivré, les premières promotions ont été constituées essentiellement par des bacheliers « généraux ».

Quant aux intentions des rédacteurs des textes, on peut en donner quelques appréciations en notant que dans son ouvrage de 1970, Michel-Yves Bernard expose que le parti avait été pris d'ouvrir l'accès au plus grand nombre de catégories possibles afin de juger de l'enseignement sur la diversité des publics. Mais il mentionne aussi que, dans les premières années de fonctionnement, sur 4 125 étudiants recrutés, on comptait 2 086 bacheliers A, B, C, D, E, soit 51 % environ, les autres candidats venant presque exclusivement de l'enseignement technique. Cette présentation semblait donc considérer comme « normal » un partage

1 Circulaire n° 66-260 du 13 juillet 1966. *Bulletin Officiel de l'Éducation nationale*, n° 30 du 25 juillet 1966.

par moitié entre originaires de l'enseignement du second degré et de l'enseignement technique.

L'organisme consultatif dit « Article 35 », dans son rapport sur les années 1965-1968[1], sans prendre parti sur le partage entre les deux sources de recrutement, se fait l'écho d'une crainte : dans le cas où les titulaires du baccalauréat de technicien se dirigeraient massivement vers les IUT, le recrutement des techniciens de niveau IV se trouverait tari et les titulaires du DUT se verraient cantonnés aux fonctions de technicien, faute de recrutement à ce niveau : la crainte n'était pas dans la domination des baccalauréats généraux, mais dans celle des baccalauréats de technicien.

Cette hypothèse montre que la domination des baccalauréats généraux n'était pas perçue comme inéluctable.

L'arrêté du 4 avril 1969[2] reprend les priorités données aux élèves déjà inscrits dans une classe de brevet de technicien supérieur supprimée du fait de la création du département d'IUT. Il précise que le nombre de places réservées pour l'admission par voie d'examen spécial doit être au moins égal à 10 % du nombre de places total. Il fixe, par type de département d'IUT, les titres qui permettent d'y accéder. À côté du baccalauréat de l'enseignement du second degré (séries de B à E), figurent le baccalauréat de technicien en précisant la spécialité, les brevets de techniciens et le diplôme d'élève breveté des lycées techniques d'État. On remarque toutefois que le baccalauréat de l'enseignement du second degré, toutes séries, ouvre directement l'accès à cinq types de départements d'IUT, alors que le baccalauréat de technicien n'en ouvre que trois. Lorsque des séries de baccalauréat du second degré ou du baccalauréat de technicien sont spécifiées, les premières sont beaucoup plus nombreuses que les secondes.

En résumé, il semble clair que, à la création des IUT, aucune préférence ni exclusive n'ait été retenue, et qu'une attitude pragmatique ait été observée. Il se trouve que les bacheliers généraux ont été, par la force des choses, les seuls puis les plus nombreux à être disponibles, donc recrutés. C'étaient d'ailleurs eux qui constituaient la cible des mesures de diversification des enseignements supérieurs qui avaient motivé la création de la voie des IUT, les effectifs des bacheliers techniciens étant

1 IPN-SEVPN, Direction des enseignements supérieurs.

2 *BO* n° 19 du 8 mai 1969.

à l'origine faibles (28 600 en 1970). Aucune décision, aucune intention ne peuvent être avancées pour valider l'idée que les baccalauréats de technicien ou les baccalauréats technologiques fussent affectés d'une quelconque priorité pour l'entrée dans les IUT. Ils avaient d'ailleurs une finalité professionnelle d'entrée dans la vie active au niveau IV de formation (technicien).

Pour bien comprendre le positionnement du baccalauréat de technicien, puis du baccalauréat technologique, il faut se référer aux circonstances de sa création. Guy Brucy[1] a décrit la pénurie de techniciens qui sévissait dans les années 1960. Une des voies pour procurer des candidatures à des formations de technicien fut la substitution, au brevet de technicien, d'un baccalauréat de technicien, créé par le décret du 10 juin 1965 : un baccalauréat était plus valorisant auprès des élèves et des familles que le brevet qui ne permettait pas d'entrer dans les facultés. Mais le nouveau diplôme fut aussitôt l'objet de discussions sur sa finalité : déboucher sur l'emploi ou permettre des poursuites d'études. L'administration a plaidé devant les professions la finalité professionnelle. « La qualification et les aptitudes professionnelles des techniciens doivent être identiques, qu'elles soient certifiées par un brevet de technicien ou par un baccalauréat de technicien ; l'une et l'autre voie doivent conduire au même niveau de formation[2] ». L'inspecteur général Bruyère, auteur de ces propos, poursuivait devant la Commission Nationale Professionnelle Consultative (CNPC) du BTP le 14 décembre 1965 : « il n'est pas question de faire du baccalauréat de technicien un examen d'entrée dans les facultés ». À l'époque, la position était claire.

L'afflux des candidatures à l'entrée dans les IUT n'était pas générale. Il a fallu au contraire, par endroits, solliciter les candidatures. Il a été fait des appels dans la presse[3]. Les titulaires du baccalauréat de technicien auraient été, à l'origine, en certains lieux, plus nombreux que les titulaires du baccalauréat général[4]. Plus que sur l'origine des candidats, l'attention était portée sur les procédures d'admission qui posaient problème du fait des candidatures multiples. C'est ainsi que le rapport de l'Inspection générale de 1972 mentionne :

1 Brucy, G., *Histoire des diplômes de l'enseignement technique (1880-1965)*, université de Lille III, 1963, p. 370 et s.
2 *Ibid.*, p. 375.
3 Entretien avec C. Forestier le 19 mai 2012, à propos du recrutement à Saint Etienne.
4 *Ibid.*

- 21 066 places réellement offertes à la rentrée de 1971 ;
- 46 000 candidatures recevables ;
- 24 000 candidatures réelles (suite aux abandons et aux doubles candidatures) ;
- 18 366 étudiants admis en formation.

D'où une estimation de 6 000 candidatures écartées ou abandonnées. Ce nombre est ramené à 4 000 à la rentrée de 1974.

Le ministère a été amené à produire certains éléments d'information sur les premières années de recrutement. Une réponse à une question écrite de Maurice Andrieux[1], député, signale que les IUT n'ont pas exercé l'attraction escomptée sur les jeunes. L'écart entre les places disponibles et les effectifs s'explique aussi par une mauvaise estimation des capacités d'accueil tenant au fait qu'on a tenu pour achevés des travaux qui ne l'étaient pas encore ; l'écart entre les dossiers déposés à la rentrée de 1970 et le nombre de candidats entrés (5 823 et 2 242) est dû aux abandons et candidatures multiples.

Sur les 33 départements mentionnés dans la réponse, la part des bacheliers généraux évoluerait ainsi :

Rentrées	% des bacheliers généraux
1967	50,56
1968	52,7
1969	48,29
1970	45,31

FIG. 16 – Pourcentage de bacheliers « généraux » parmi l'ensemble des recrutés en IUT. Source : JO AN du 8 avril 1971.

À la rentrée de 1970, sur ces 33 départements, les bacheliers généraux admis seraient au nombre de 2 020, les titulaires du baccalauréat technologique (dont c'est la première apparition), de 836, auxquels s'ajouteraient 139 titulaires du brevet de technicien ou du brevet supérieur d'enseignement commercial.

1 *Journal Officiel* du 8 avril 1971.

Ce document montre aussi la diversité des attitudes de recrutement selon les IUT et les spécialités : en génie électrique, la part des bacheliers généraux est de 32 % à Marseille, 57 % à Toulouse, 59 % à Nice ; en technique de commercialisation elle est de 26 % à Caen, 20 % à Metz, mais 54 % à Amiens.

Les archives administratives[1] permettent de mesurer la dispersion des préférences entre baccalauréats selon les IUT et l'évolution des tendances de ces préférences. Certains départements ont toujours accordé une prédominance aux bacheliers généraux, par exemple les carrières sociales et juridiques ; c'est aussi le cas des départements de mesures physiques (93 % en 2008). Pourtant, à Bordeaux, en 1975, 25 % des DUT délivrés dans cette spécialité l'ont été à des bacheliers technologiques et en 1981 on comptait encore 20 % de bacheliers technologiques.

À Rennes les bacheliers technologiques dans le département de carrières sociales ont progressé de 6 % en 1976 à 39 % en 1981. Mais à Toulouse dans les carrières juridiques, le pourcentage est passé de 37 % en 1976 à 26 % en 1981.

En gestion des entreprises et des administrations, pour les bacheliers technologiques (34 % au plan national en 2008), le pourcentage était à Troyes de 46 %, de même qu'à Villeurbanne. Le recours à l'examen n'a jamais été très performant. Par exemple, en 1976, à Troyes, en gestion des entreprises et des administrations, il y a eu 11 places offertes et 3 admis.

Au fil des années, globalement la part des bacheliers technologiques a régulièrement diminué comme le montre le tableau ci-dessous.

Les premières informations sur la situation qui faisaient état d'une progression de la part des bacheliers technologiques, ne se sont donc pas confirmées, bien au contraire. Le problème de l'accueil des bacheliers technologiques a pris de l'importance avec l'accroissement des effectifs de ces derniers. En 1970, ils ne représentaient que 17 % des bacheliers, mais ce pourcentage est passé à 32 % en 1989 avec un effectif de 106 000 personnes sur 332 000 bacheliers. Il s'avérait que, minoritaires dans les IUT, ils n'obtenaient pas de résultats positifs dans les cursus des licences lorsqu'ils ne se dirigeaient pas, comme beaucoup le faisaient, vers les sections de techniciens supérieurs. Il a donc paru logique de faciliter

1 F 17 bis 636, 1981, 0550.

leur accès aux IUT. Christian Forestier, dans son rapport de 1990[1], faisait de l'accueil des bacheliers technologiques F et G un point des réformes qu'il proposait. Il mentionnait la possibilité d'une insuffisance de candidatures, mais aussi le parti pris de privilégier les bacheliers généraux. La direction des enseignements supérieurs, depuis les années 1980, fait pression sur les directeurs d'IUT pour qu'ils fassent plus de place aux bacheliers technologiques, allant même jusqu'à attribuer des crédits pour favoriser leur accueil.

Années Origine scolaire	1977- 1978	1979- 1980	1981- 1982	1983- 1984	1985- 1986	1988- 1989
A	5	4	4	4	4	4
B	12	13	14	14	14	16
C	11	12	14	14	15	14
D	20	20	21	23	22	25
E	7	8	8	8	9	9
S/T Bacs généraux	55	57	61	63	64	68
F	23	23	21	20	18	16
G	17	16	14	13	14	12
H	1	-	1	1	1	1
S/T Bacs techniques	41	39	36	34	33	29
Autres et non répondants	4	4	3	3	3	3

FIG. 17 – Flux d'entrée en IUT par origine scolaire (étudiants français, en pourcentage).

Une idée mise en avant pour justifier et favoriser une orientation plus nombreuse des bacheliers technologiques est que les IUT leur auraient été dès l'origine destinés par priorité. Cette idée n'est pas fondée historiquement, comme il a été montré précédemment. C'est d'ailleurs ce qu'a développé Béatrice Belbenoit en 1991[2]. Elle impute cette idée inexacte au fait que, selon elle, les bacheliers généraux auraient boudé en certains lieux, à l'origine, les IUT, où sont alors entrés les bacheliers technologiques, et à la similitude des appellations (notion de « technologie »).

1 Forestier, C., *Les IUT 25 ans après leur création*. Document administratif, octobre 1990.

2 Belbenoit, Béatrice, « Les IUT ont-ils été détournés ? » In *CEREQ*, le niveau III de formation, Collection des études, n° 60, novembre 1991, p. 95 à 110.

Cette idée est aussi reprise dans certains documents de l'ONISEP de 1988. S'il n'y a pas eu de détournement au détriment des bacheliers technologiques, il y a eu en revanche des facteurs qui expliquent la présence importante de bacheliers généraux.

- un certain déficit des demandes des bacheliers technologiques : dans le portail des admissions post-bac[1] les demandes des bacheliers pour entrer en STS sont au nombre de 254 056, alors que celles pour entrer en IUT sont de 109 272 ; l'importance des effectifs de STS ne peut s'expliquer que parce que les bacheliers technologiques, qui sont les moins nombreux (128 000 candidats) vont de préférence vers les STS. Peut-être, pensera-t-on, parce qu'ils estiment qu'ils y seront plus volontiers accueillis que dans les IUT, qu'ils y réussissent mieux ou peut-être aussi pour des raisons de proximité géographique ;
- la création parmi les bacheliers généraux d'un public qui trouve dans les IUT une place cohérente avec ses origines sociologiques : de bons élèves, mais d'appartenance sociale inférieure à celle des classes préparatoires aux grandes écoles, et qui pensent à juste titre bénéficier d'un encadrement propice, et d'un « filet » de protection en cas d'échec aux écoles : le DUT est alors un bon passeport pour l'emploi ;
- le souci des milieux des IUT de soutenir son standing au sein du monde universitaire : dans le système français hiérarchisé des diplômes, les diplômes techniques sont moins prisés que les diplômes généraux ; leur donner priorité ne permet pas de se situer favorablement dans la hiérarchie des cursus. On peut citer en ce sens les propos de M.-Y. Bernard qui tenait à ce que la nouvelle filière des IUT bénéficie du même prestige universitaire que celle des facultés, et ceux des représentants du patronat dans la Commission des IFTS, mettant en garde contre le risque d'une position dégradée des instituts par rapport aux facultés : il faut tenir son rang à l'intérieur des enseignements supérieurs ;
- les bacheliers généraux en retard : les bacheliers qui s'engagent dans l'enseignement supérieur court présentent souvent des

1 Rey-Lefebvre Isabelle, « APB ou le passage obligé pour accéder au supérieur », *Le Monde*, 8 mars 2012.

> retards par rapport à l'âge « normal[1] ». En IUT, les retards concernent surtout les bacheliers généraux. Les bacheliers technologiques qui y entrent sont beaucoup plus ponctuels, les plus « en retard » allant en STS. En série S, les enfants de chefs d'entreprises et de membres de professions intermédiaires « à l'heure » sont ceux qui ont le plus de chance d'entrer en classe préparatoire. L'ordre est très différent pour les élèves de série S « en retard » de deux ans : un tiers des effectifs sont des enfants de cadres.

Si les IUT sont des lieux de réussite des enfants des ouvriers, d'agriculteurs, de membres de professions intermédiaires, ils sont aussi, entre autres, des positions de repli pour les « retardataires » des catégories aisées de la population qui ne peuvent pas obtenir une place en classe préparatoire.

Enfin, il y a lieu de relativiser la pertinence des raisonnements en termes globaux, total des baccalauréats généraux contre total des baccalauréats technologiques. Pour prendre un exemple sur l'année 2005, les bacheliers généraux de l'année étaient en nombre quasiment double de celui des bacheliers technologiques. Le souci de l'équité voudrait que l'on compare non les effectifs bruts des deux catégories de candidats admis, mais la proportion d'entrée en IUT de chaque catégorie de bacheliers par rapport aux résultats du baccalauréat de cette catégorie.

Le rapport Forestier de 1990 contenait aussi d'autres manières d'aborder le problème de l'accueil des bacheliers technologiques, notamment sous l'angle de l'utilisation optimum des capacités d'accueil, effectifs par groupes d'élèves, nombre de groupes par département. Et puis il serait plus réaliste d'examiner la question dans chacune des 24 spécialités des IUT. Par exemple la part des bacheliers généraux allait, selon les IUT en 2008, de 93 % en « mesures physiques », à 37 % en « génie industriel et maintenance ».

1 Lemaire, Sylvie, « l'entrée dans une filière courte après le baccalauréat », in Servet Ertul, *op. cit.*

HOMMES ET FEMMES

Les discussions qu'alimente la vie des IUT font peu de place à la répartition entre hommes et femmes, dans les candidatures, dans la réussite et dans la prise d'un emploi alors que ce thème est très présent dans les études qui concernent l'ensemble de la scolarité secondaire et les enseignements supérieurs. Pourtant la multiplicité des spécialités aurait pu permettre des observations intéressantes sur l'attraction respective des différentes spécialités et la réussite dans ces dernières. Sans doute les sorts sont-ils déjà joués par les études antérieures quand les étudiants parviennent à la porte des IUT. Selon les spécialités, la répartition des effectifs entre hommes et femmes est très variable. Deux facteurs principaux peuvent expliquer ces différences : la nature des études effectuées jusqu'à la candidature, qui sont elles-mêmes très sexuées, et la nature des fonctions que les lauréats auront à exercer. Une constatation générale peut être faite par la seule observation des statistiques : la proportion entre hommes et femmes ne varie guère avec le temps. La part des femmes dans les effectifs étudiants des IUT est illustrée ci-dessous :

1991-1992	36,9 %
1999-2000	39,3 %
2003-2004	39,6 %

FIG. 18 – Part des femmes dans les effectifs des étudiants des IUT.
Source : repères et références statistiques DPD.

Par grands secteurs, la « féminisation » est la plus faible dans les spécialités liées à la production (23% en 2002) avec une tendance à l'augmentation (26,7% en 2011). À l'inverse elle est la plus forte dans les spécialités des services (57% en 2000) avec une tendance à décroitre (53,8% en 2011). Les femmes sont très majoritaires dans les carrières juridiques (83%), information-communication (79%), carrières sociales (78%) et représentées dans des proportions infimes en génie industriel et maintenance (4%), réseaux et télécommunications (4%), génie électrique et industriel (6%). Un équilibre approximatif se fait dans les techniques de communication (56%), le génie chimique (43%), la chimie (56%).

LES POURSUITES D'ÉTUDES

L'IMPORTANCE DES POURSUITES D'ÉTUDES : UN PROBLÈME RÉCURRENT

Le partage entre prise de fonction dans le système productif et poursuite d'études dans les écoles et les deuxièmes cycles des universités est aussi un thème de débat sur le rôle exact des IUT dans les formations des enseignements supérieurs. En principe, en effet, la fonction des IUT est de former des personnels techniques aptes à participer immédiatement au système de production. Certes, il n'était pas exclu qu'ils puissent poursuivre d'autres études, mais cette hypothèse demeurait exceptionnelle. Or, une partie des candidats a, dès l'origine, élaboré une stratégie de « marche-pied » vers d'autres formations et cette démarche a été en s'amplifiant au cours des années.

De ce fait, les IUT n'ont que partiellement réalisé leur vocation initiale. Les statistiques montrent la progression de ce phénomène. Mais elles montrent aussi que les stratégies ont été diverses d'un IUT et d'une spécialité à l'autre, en l'absence de doctrine et de directive en la matière. Pourtant, Michel-Yves Bernard ne constatait, pour les premières années de fonctionnement des IUT, que des proportions minimes de poursuites d'études :

- 1967 : 19 autorisations sur 158 diplômes délivrés, soit 12% ;
- 1968 : 47 sur 1 194, soit, 3,9% ;
- 1969 : 120 sur 3 154, soit 3,79%.

Ces toutes premières estimations, parfaitement rassurantes au regard de l'objectif de formation d'un personnel prêt à entrer en fonctions, n'ont toutefois pas été confirmées par les statistiques ultérieures.

Dans son ouvrage de 1970, Jean-Louis Boursin[1] fait état d'une enquête sur 1 453 étudiants sortis en 1967 et 1968 (garçons seulement) dont les poursuites d'études concernaient de 33 à 39% de l'effectif. Pierre Cam[2] évalue les poursuites d'études après le DUT à 16% en 1974 et à 25% en 1980. Les documents du CEREQ[3] font état des pourcentages suivants, tous départements confondus :

- 1980 : 25%,
- 1984 : 38%,
- 1988 : 51%.

L'importance des poursuites d'études dès les premières années des IUT est confirmée par les témoins[4]. Il arrivait, dès la fin des années 1960 que la moitié d'une promotion poursuive des études, par exemple dans la spécialité « mesures physiques » ; et ceux qui prenaient fonction s'inscrivaient souvent au CNAM pour reprendre des études.

Ce sont les départements où les titulaires du baccalauréat général sont les plus nombreux qui sont le plus concernés par les poursuites d'études, ce qui peut fonder l'hypothèse que le passage par l'IUT est souvent considéré dès la candidature comme une voie pour entrer dans les grandes écoles en empruntant un parcours sécurisé. Pour l'année 1986-1987, proche du milieu du champ chronologique de l'étude, cette interprétation est confortée par le tableau ci-dessous.

Les documents ci-dessous montrent en outre que le phénomène touche d'une manière égale les spécialités industrielles et les spécialités tertiaires (pour l'année 1984-1985, respectivement 37 et 38%) et que les titulaires d'un baccalauréat général sont plus souvent bénéficiaires des poursuites d'études que les titulaires d'un baccalauréat technologique. Les bacheliers généraux sont plus portés aux poursuites d'études et leurs études sont plus longues. Selon les genres, proportionnellement, les jeunes filles recherchent plus une insertion immédiate, et moins la poursuite d'études longues que les jeunes gens.

1 Boursin, Jean-Louis, *Les instituts universitaires de technologie*, Paris Montréal, Bordas, 1970.
2 Cam, Pierre, « Le cycle court » : quelles fonctions sociales ? In Servet Ertul, (Dir), *L'enseignement professionnel court post-baccalauréat (IUT-BTS)*, Paris, PUF, 2000.
3 Dubois, Mireille, CEREQ, *document de travail n° 87* de septembre 1983.
4 Entretien avec Bernard Dizambourg le 22 juin 2009.

Série du Bac	Bacs généraux %	Bacs technologiques %	Total %	Effectifs
Spécialité de DUT				
Biologie appliquée	36	23	34	1 075
Chimie, génie chimique	51	35	46	840
Génie civil	40	22	33	861
Génie électrique	41	20	32	2 649
Génie mécanique	57	29	43	1 985
Génie thermique	61	*[1]	52	214
Mesures physiques	39	*	37	974
Autre (hygiène et sécurité, maintenance industrielle)	33	32	32	356
S/T Spécialités Secondaires	44	25	37	8 954
Carrières juridiques	48	32	42	4 331
Carrières sociales	35	*	35	
Informatique		44	44	766
Techniques de commercialisation	44	*	49	392
Autres (statistiques, transport,	51	*	37	374
logistique)	36	28	34	2 051
	38	*	28	2 847
	29			403
S/T Spécialités tertiaires	41	32	38	11 164
Total	42	29	38	20 188

FIG. 19 – Pourcentage de poursuites d'études en 1984-1985 après un DUT selon la série du baccalauréat.
Source : *CEREQ*, document de travail n° 61, février 1991.

Le rapport de la Cour des comptes de 1994 donne un échantillon, glané au fil des visites des enquêteurs, des formations offertes aux titulaires de DUT. À l'époque de ce rapport (1994), il est fait mention de :

– troisième année de spécialisation avant que ne soient créées les licences professionnelles, pour adapter les spécialités des IUT, développées à partir des années 1980 ;

1 * Non significatif.

- formations liées à des besoins locaux financées par les entreprises, les fonds d'assurance-formation (FAF) et d'autres organismes intéressés à l'insertion (FONGECIF, ASSEDIC, collectivités locales, notamment les régions);
- formations organisées spécialement par des universités, notamment dans le domaine comptable, mais parfois aussi (à Nancy par exemple) pour délivrer un diplôme « d'ingénieur technologique ».

Le rapport de la Cour des comptes recensait environ 250 formations regroupant 3 000 étudiants. Ces formations se heurtaient souvent, selon les mêmes sources, à l'hostilité de principe des directeurs d'IUT. Mais des témoignages font aussi état d'initiatives des directeurs d'IUT et de contacts stables avec les écoles d'ingénieurs. Certaines écoles, comme il est exposé ci-dessous, réservent un certain nombre de places aux titulaires de DUT et BTS en vertu des textes ministériels.

Les instituts universitaires professionnalisés[1] créés en 1992 et allant à bac +4 (niveau II de formation) auraient pu constituer un débouché pour les titulaires de DUT si la réglementation ne l'interdisait pas : ils étaient réservés aux étudiants ayant fait une première année.

DIVERSITÉ DES POURSUITES D'ÉTUDES

Selon l'enquête du CEREQ de 1987 sur les situations de fin 1984, les poursuites d'études universitaires absorberaient environ 60% des effectifs des poursuites d'études des DUT du secteur secondaire : DEUG (14%), Licence et Maîtrise (46%). Parmi les 40 % restants, les écoles d'ingénieurs seraient comptées pour 24%.

Dans le secteur tertiaire, les filières universitaires intéresseraient 64% des effectifs des « poursuivants ». 26% des étudiants entrés en école obtiendraient le diplôme. Curieusement, si les élèves de BTS qui poursuivent des études obtiennent des résultats moins bons en secteur secondaire, ceux du secteur tertiaire réussissent mieux dans l'ensemble

1 Décret n°92-85 du 23 janvier 1992.

que leurs homologues de DUT. Peut-être les bons et bonnes élèves des sections tertiaires des lycées n'ont-ils pas le désir d'aller en IUT et préfèrent-ils entrer en STS, plus rassurantes.

LA LICENCE PROFESSIONNELLE : L'ACCÈS À LA FORMATION EN 3 ANS ET UNE GARANTIE SUPPLÉMENTAIRE D'ACCÈS À L'EMPLOI

La licence professionnelle est venue régler, en 1999, le problème posé avec plus ou moins d'acuité selon les époques, d'une éventuelle troisième année d'études.

Cette demande avait déjà été évoquée en 1965 dans les discussions de la commission dite des IFTS, et a été combattue par le Patronat et refusée par l'administration

C'est la doctrine LMD (Licence, Master, Doctorat) adoptée par l'Union européenne dans la Conférence de Bologne du 19 juin 1999 qui a suscité la création de la licence professionnelle en trois ans après le baccalauréat, par l'arrêté du 17 novembre 1999. Le ministre Claude Allègre a accepté cette idée sur les instances de l'Association des directeurs d'IUT (ADIUT) présidée à l'époque par Antoine Delacheisserie. L'objectif est de faciliter l'insertion professionnelle des étudiants ayant le niveau bac+2 (titulaires de DUT ou d'un BTS), et aussi des titulaires d'une licence générale. Le diplôme est délivré à la suite de l'attribution de « crédits » à mesure de la formation. Un stage de 12 à 16 semaines est inclus dans la formation. Les licences professionnelles, d'origine locale et non pas conçues de manière centralisée, sont préparées dans un établissement soumis à une accréditation donnée par le pôle de contractualisation du ministère. Leurs spécialités sont calquées en général sur celles des DUT ou des BTS. Les effectifs des candidats issus des IUT sont passés de 8 620 en 2001 à 37 665 en 2008[1].

Environ 20% des titulaires de DUT de 2008 poursuivaient des études d'une durée d'un an et parmi eux 80% accomplissaient cette

1 Le Nir, Michel, Spennato, Mickael, *Le DUT : un passeport pour la réussite* – ADIUT et ANPIUT – septembre 2012.

année d'études en vue d'une licence professionnelle, ce qui regroupe 16% des diplômés de DUT. Il s'agit de jeunes gens qui souhaitent une prise de fonction rapide (60%) dont 5% reprennent par la suite des études. Et parmi les 40% qui ne prennent pas fonction, 9% font une seconde année de licence professionnelle et 26% continuent des études de deux années. Les spécialités de DUT les plus concernées par les licences professionnelles sont « Statistiques et traitement informatique des données » (47%) et « Services et réseaux de communication » (52%).

NOUVELLES TENDANCES DES POURSUITES D'ÉTUDES ?

Les enquêtes annuelles menées par l'ADIUT (association des directeurs d'IUT), l'Union nationale des présidents d'IUT (UNPIUT) et le ministère sur le devenir des diplômés de DUT permettent d'actualiser les données des poursuites d'études : ces dernières, après avoir progressé rapidement (de 65,2% à 77,8%) de 2001 à 2005 ont ralenti depuis pour atteindre 78,9% en 2008. Ce ralentissement serait dû à l'accroissement du nombre de bacheliers technologiques qui sont moins enclins à poursuivre des études que les bacheliers généraux. Le phénomène de poursuite d'études est plus accentué dans certaines spécialités : génie mécanique et productique, mesures physiques, sciences et génie des matériaux pour les spécialités secondaires, statistiques, carrières juridiques pour les spécialités tertiaires, en corrélation évidente avec la proportion de bacheliers généraux dans ces sections (85% et plus) ; les spécialités les moins concernées étaient génie industriel et maintenance, carrières sociales, informatique, communication, gestion logistique et transports (moins de 76%), sans lien apparent avec la nature de baccalauréat.

LES IUT, ÉLÉMENT IMPORTANT DU RECRUTEMENT DES ÉCOLES D'INGÉNIEURS, DES ÉCOLES DE COMMERCE ET DES SECONDS CYCLES DE L'ENSEIGNEMENT SUPÉRIEUR

Si on écarte la licence professionnelle, en 2008, les études de deux et trois ans des DUT secondaires s'effectuent essentiellement dans les écoles d'ingénieurs (31%) en licence (19,2%) et celles des DUT tertiaires en licence (30,1%), et dans les écoles de commerce et de gestion (13,8%). Les études à l'étranger sont plus fréquentes en spécialités tertiaires (10,7%) qu'en spécialités secondaires (4,7%)[1]. L'accès aux écoles d'ingénieurs est pour une part non négligeable occupé par les titulaires de DUT et de BTS. Sur 41 802 admis en école d'ingénieurs en 2011, 14,1% provenaient de cette source, soit environ 5 900 candidats admis. Les écoles de commerce du groupe 2 recrutent aussi parmi les étudiants des IUT en 2011 : 14,3% de leurs nouveaux élèves, soit environ 880 étudiants[2].

Déjà en 1981, à titre d'exemples, l'École nationale supérieure d'électronique offrait 48 places aux titulaires de BTS et de DUT, et l'École nationale de céramique industrielle 12 places (arrêté du 26 février 1981). Actuellement, de grandes écoles d'ingénieurs voient, dans l'accueil de titulaires du DUT, le moyen d'une diversification, qu'elles jugent nécessaire, de leurs recrutements

Pierre Cam[3] qualifie les IUT de « structure permanente d'émigration », de « gare de triage », fonctionnant dans les conditions des classes préparatoires. Le trait est certainement exagéré ; on peut aussi prendre un emploi conforme à la formation IUT ou de la licence professionnelle. Mais il est exact que la poursuite d'études est la règle.

Les étudiants sont évidemment très tentés, puisqu'ils y trouvent une possibilité de choix, une alternative à l'entrée au travail, la perspective d'une carrière plus prometteuse. Parfois, c'est aussi le moyen envisagé de longue date, de rétablir une situation sociale du niveau de celle des parents.

---

1 Le Nir, Michel, Spennato, Mickaël, *op. cit.*, p. 67.

2 Statistiques du ministère de l'éducation nationale.

3 « Le cycle court : quelles fonctions sociales », in Servet Ertul (Dir), *l'enseignement professionnel court post-baccalauréat (IUT-BTS)*, Paris, PUF, 2000.

Les enseignants des IUT, les directeurs ne sont pas fâchés de voir leur enseignement valorisé dans les milieux universitaires. Les écoles d'accueil y voient un appoint de candidats non négligeable, au point que certaines organisent des enseignements particuliers pour ces arrivants au profil non conventionnel.

Le CNPF, en 1974, dans ses réflexions et propositions, avait recommandé l'organisation d'un système de promotion en cours de carrière pour les techniciens supérieurs qui aurait évité les poursuites d'études. Dans un document de synthèse 1987-1990, il plaidait pour une filière d'enseignement technologique supérieur. L'administration, pour sa part, n'a jamais eu une attitude cohérente. Initialement, les IUT avaient, parmi leurs missions, celle de diversifier non seulement les pédagogies, mais aussi les niveaux de prises de fonction. En matière d'emploi, la cible était celle des techniciens supérieurs, non des élèves des grandes écoles ou celle des étudiants du troisième cycle.

En ce qui concerne les poursuites d'études, les DUT ne font pas exception à l'ambiguïté de la position du ministère que l'on peut constater à l'égard de tous les diplômes à vocation professionnelle : l'objectif premier est la prise de fonctions, mais il est difficile d'interdire d'aller plus loin dans les études. Le refus est jugé insupportable, comme l'ont montré le précédent du brevet de technicien et, bien auparavant, du brevet supérieur qui terminait les études d'instituteur et ne permettait pas de s'inscrire à l'université. Il est à noter, en outre, que dès la conception des IUT, aussi bien l'administration que les partenaires sociaux acceptaient la perspective d'une poursuite d'études. La poursuite d'études était une ouverture laissée pour éviter, à juste titre, un risque d'enfermement. Le maniement de ces flux est très délicat et le freinage est vite interprété comme une mesure de conservatisme social. Un épisode particulièrement significatif a été celui d'un projet de circulaire de 1994, dite « Bardet », du nom du directeur des enseignements supérieurs de l'époque, qui interdisait les poursuites d'études. Ce projet a donné lieu à des grèves et des manifestations et a dû être retiré. Le texte qui l'a remplacé a abandonné cet aspect négatif et a recadré l'ensemble des formations professionnelles des enseignements supérieurs, IUT, IUP et écoles. Cet épisode, qui ne s'est pas renouvelé, a marqué la fin des tentatives de restrictions des poursuites d'études, lesquelles ont continué leur progression.

En conclusion, il apparaît que les poursuites d'études ont considérablement modifié la fonction sociale des IUT. L'essentiel de leur attrait réside dorénavant dans les moyens d'accéder à des formations longues tout en se constituant une assurance contre les conséquences d'un échec éventuel. Ce rôle de marchepied ne peut être détaché de la carence des systèmes de promotion offerts aux techniciens supérieurs en fonctions : ils ont du être montés sous la pression des revendications de ces derniers, et quelque soit leur valeur, ils n'offrent pas la lisibilité suffisante pour pouvoir être considérés comme un système d'organisation des carrières. Mais depuis 1971, les dispositifs législatifs relatifs à la formation des adultes ont abandonné les objectifs de ce qu'à une certaine époque, on a appelé la promotion sociale.

LES PROBLÈMES DE GOUVERNANCE

Tout au long de l'exposé précédent ont pu être notées des critiques adressées au système de pilotage des IUT, que ce soit de la part de l'Inspection générale, de la Cour des comptes ou des personnalités chargées de produire à un moment ou à un autre, un rapport sur les IUT. D'où l'intérêt d'un regard sur le système de gouvernance, c'est-à-dire des structures et procédures chargées de la prévision, de l'administration, de l'évaluation du système et de la prise de décision.

On examinera successivement les structures administratives et pédagogiques, les partenaires des décideurs, puis les principaux points à propos desquels des déficits de gouvernance ont été constatés.

LES STRUCTURES NATIONALES ET LA CENTRALISATION

La création des IUT a été considérée par les autorités politiques et administratives de l'époque comme un événement de nature à faire évoluer d'une manière significative le champ de l'organisation de l'enseignement supérieur qui s'enrichissait d'une voie nouvelle. L'intrusion massive de la technologie et de la technique était censée créer un choc pédagogique et administratif au-delà même des limites des seuls instituts, en déviant une partie considérable des flux d'étudiants, en réduisant les échecs dans les facultés, en modifiant quelque peu le champ d'exercice des enseignants : de nouveaux terrains d'action s'ouvraient à eux, et ceux-ci étaient amenés à côtoyer dans les nouveaux instituts, en proportion plus importante, des professeurs du second degré et des spécialistes de l'industrie et des services dans le cadre du « tripartisme » du personnel des instituts. L'administration a donc veillé à faire les efforts nécessaires.

LES ORGANISMES CONSULTATIFS : LENTEUR DE LEUR MISE EN PLACE

Sous les aspects pédagogiques, il a été exposé comment les commissions pédagogiques nationales ont été créées et ont fonctionné. À l'échelon central, la commission consultative nationale a été créée par l'arrêté du 12 décembre 1992. Ce n'est donc que tardivement qu'un organisme consultatif propre aux IUT a été créé, la fonction consultative n'étant auparavant assurée que par les conseils compétents pour l'ensemble de l'enseignement supérieur. Sa composition lui donne des moyens d'émettre des avis pertinents : outre des présidents d'universités, des directeurs et présidents de conseil d'administration des IUT, des étudiants, enseignants, six enseignants chercheurs, six personnalités qualifiées. Son champ de compétence est étendu : sous la présidence du ministre ou de son représentant, elle donne des avis sur les orientations pédagogiques, l'organisation des études, les spécialités, le recrutement des candidats, la carte des implantations et sa relation avec celle des IUT, la liaison enseignement-recherche. Elle réalise des études et des expertises sur l'adéquation des formations avec les besoins de l'économie.

Elle procède à l'évaluation des IUT, ceux-ci ne relevant pas de l'Agence d'évaluation de la recherche et de l'enseignement supérieur. Cette évaluation s'effectue à partir des informations et des dossiers préparés par les IUT, et comporte examen en commission, rapports d'experts qui se rendent dans les instituts, délibérations successives de la commission, rédaction et approbation d'un rapport adressé au directeur des enseignements supérieurs. Cette activité est exercée par « vagues », avec un rythme de quatre ans et est articulée avec la rédaction des contrats passés entre le ministère et les universités.

La commission répond aussi à des demandes d'expertise de l'administration, et peut se saisir d'elle-même de certains sujets, par exemple le regroupement de certaines spécialités. Elle s'est reconnu le droit de s'auto-saisir de certains sujets tels que les emplois du secteur des aides à la personne, les emplois du domaine du développement durable, les difficultés de recrutement dans certaines spécialités. Son avis est souvent sollicité par l'administration ou le cabinet du ministre et le directeur chargé des enseignements supérieurs préside parfois ses séances. Dans le domaine de la carte des IUT et des départements, son avis, toutefois, n'est pas toujours suivi.

À l'échelon central encore, l'administration doit compter avec le poids de l'association des directeurs d'IUT (ADIUT) et de l'union des présidents d'IUT (UNPIUT). L'une et l'autre de ces organisations montrent à l'évidence que les IUT sont capables de mobiliser des énergies considérables : directeurs et présidents prennent à cœur leurs fonctions et sont capables de se mobiliser pour défendre la cause des instituts, et ce d'autant plus que, dans le souci de voir réussir la création des IUT, le ministère a gardé en mains toutes les compétences essentielles : structures, personnel, financement, pédagogie, plus tard carte géographique ; cette organisation centralisée conduit donc les directeurs et présidents à intervenir auprès de la direction des enseignements supérieurs, voire du ministre. Ce lobbying s'est montré particulièrement efficace et ne peut être ignoré. Cette importance que les associations de responsables, mais aussi de toutes catégories de personnel ont prise dans la vie de la filière IUT ont des aspects bénéfiques indéniables : il a été fait mention précédemment de la « Centrale » pour la gestion des cas des formations tertiaires, ou de l'association pour l'enseignement des langues techniques. Il faut mentionner aussi la collaboration depuis 2001 de l'ADIUT, de l'ANPIUT, du CEREQ et du ministère pour le suivi des promotions des étudiants des IUT, qui a conduit à un document annuel « Le DUT : un passeport pour la réussite » ; ce document fournit une information abondante sur le cursus et l'insertion des étudiants et anciens étudiants depuis 2001.

ÉVOLUTION DES RAPPORTS MINISTÈRE, RECTORATS, UNIVERSITÉS, IUT

La centralisation de la gestion des IUT s'expliquait par leur originalité : ils étaient nés d'une réflexion totalement issue du pouvoir central ; à l'époque, de plus, l'échelon rectoral n'était pas très musclé. La déconcentration des affaires du second degré, par exemple, ne pouvait se réaliser que parcimonieusement par suite des faibles effectifs de l'administration académique. Par ailleurs, le tissu universitaire était constitué de facultés regroupées par le lien assez lâche de l'université. Les IUT arrivaient comme un élément nouveau dans ce paysage universitaire en prenant la forme des instituts d'université qui avaient déjà servi d'habitacle aux premières intrusions de l'enseignement technique dans l'enseignement supérieur à la fin du XIXe siècle.

Les IUT constituaient donc une particularité dans l'ensemble de l'université. La singularité de leur lien avec le ministère conjuguée avec l'esprit d'indépendance qui a animé directeurs et présidents d'IUT ont donné lieu à la constitution d'un ensemble homogène au plan national, caractérisé par des enseignements uniformes et peu soucieux des rapports avec les facultés. Les IUT sont les seules structures donnant un enseignement selon des référentiels nationaux arrêté par une commission unique. La nouvelle organisation des universités en 1968 a commencé à modifier la règle du jeu. Les facultés ayant été fondues dans les nouvelles universités, les IUT étaient une particularité dans un ensemble désormais constitué d'UFR.

Le mouvement vers l'autonomie des universités et les perspectives de leur regroupement était pour les IUT un risque pour la pérennité de leur singularité. La création d'associations régionales d'IUT (ARIUT) à partie de 1992 à l'initiative des présidents et directeurs d'IUT avait pour objectif de se mettre en mesure de réagir à ce nouveau contexte.

Dans cet ensemble nouveau, il est probable que le rôle des différents protagonistes aura à évoluer et que le rôle du recteur aura à être redéfini. Actuellement, la création de départements d'IUT est subordonnée à une habilitation du ministre sur laquelle le recteur est appelé à donner un avis, quelquefois encore trop tardivement.

Parfois, le projet de département d'IUT est évoqué dans la procédure de création des STS, ce qui est l'occasion d'insérer la Région dans le circuit de procédure. Il existe des initiatives régionales (par exemple dans l'académie de Strasbourg) qui rassemblent Région, Rectorat et représentants des milieux économiques pour examiner conjointement les projets de STS et les formations universitaires. Les créations de STS sont instruites dans le cadre du programme régional de formations où la Région est impliquée avec le Rectorat au titre de l'apprentissage mais aussi de l'enseignement scolaire. Un contrat de plan régional des formations professionnelles a été institué par la loi 2009-1437 du 24 novembre 2009 relative à l'orientation et à la formation professionnelle tout au long de la vie, qui appelle des mesures d'application.

Pendant la période étudiée, les problèmes de relation entre universités et IUT ont surtout concerné les modalités de l'attribution des moyens et les conditions de nomination du directeur.

Entre 1966 et 1968, les moyens des IUT étaient notifiés aux recteurs, présidents de l'université. Après 1968, chaque université recevait l'ensemble des moyens. Mais les directeurs d'IUT avaient obtenu que les IUT fussent rangés parmi les organismes pour lesquels le ministre mentionnait dans les délégations de crédits les sommes et les emplois qu'il convenait de leur allouer. Avec la loi n° 84-52 du 26 mars 1984, la marge de liberté laissée aux IUT a paru menacée. Le directeur, en effet, n'était plus nommé par le ministre mais élu par le conseil. D'aucuns y ont vu une perte de prestige par rapport au président d'université, et une relative dépendance par rapport au conseil.

Pourtant, dans le régime précédent, la nomination du directeur par le ministre nécessitait l'avis favorable du conseil : la différence n'est pas considérable. Le personnel enseignant était choisi par le directeur après avis de la commission. Dorénavant, le choix se faisait par l'université mais il exigeait un avis préalable donné par le conseil de l'IUT et la direction pouvait s'opposer à la nomination d'un enseignant. Cette garantie n'a pas semblé suffire aux partisans de la plus grande latitude laissée à l'institut. En outre, le statut et les budgets sont soumis au conseil d'administration de l'université et la liste des catégories de personnalités extérieures fait moins de place aux professionnels. Ces pertes relatives d'autonomie ne semblent pas avoir considérablement contraint le directeur ni le conseil.

L'application de la loi LRU (Libertés et responsabilités des universités) du 10 août 2007 a posé cette fois le problème avec plus d'acuité car l'autonomie de l'université a impliqué la suppression du « fléchage » des crédits. Dorénavant, les ressources de l'IUT étaient dépendantes des autorités de l'université. Les milieux des IUT ont aussitôt craint que les présidents d'universités, qui considèrent souvent les UFR comme moins bien traitées que les IUT dans la répartition des crédits, ne réduisent les attributions faites à ces derniers au profit des UFR. Le ministère a publié une circulaire du 20 mars 2009 qui précise le périmètre de l'ordonnateur secondaire et celui de l'université sur le personnel en reprenant les pratiques antérieures et prévu des contrats d'objectifs et de moyens (COM) pluriannuels entre les universités et leurs IUT. À noter que cette circulaire n'est pas appliquée dans toutes les universités.

Un comité de suivi, impliquant la CPU, l'ADIUT et l'UNPIUT a veillé (il ne fonctionne plus depuis 2 ans) au respect de ce dispositif. Cette mesure, qui ne rassurait pas les milieux des IUT, a fait l'objet d'une circulaire complémentaire du 19 octobre 2010, qui traite du « budget propre intégré » de l'IUT. Il semble que cette solution ait résolu la plupart des interrogations qui s'étaient posées. Mais la situation qui résulte de ce compromis apparaît comme un pas de plus dans la perte de l'autonomie que les IUT avaient obtenue de leur création, dans un système où l'université de laquelle ils étaient partie n'était qu'une fédération très lâche des facultés. L'autonomie des universités, selon son amplitude, ouvrira sans doute de nouveaux épisodes à la déjà longue histoire de la relation université-IUT.

CONCLUSION

Quels enseignements peut-on tirer de ce trop rapide parcours de l'histoire des IUT ?

Les IUT ont réussi à faire leur place dans les structures des enseignements supérieurs.

À leur actif, il faut mettre la création dans les enseignements supérieurs d'une nouvelle filière qui montre la capacité de l'enseignement supérieur d'innover en produisant une offre nouvelle, dont la validité est attestée par l'attrait qu'elle exerce, par les compétences reconnues aux jeunes qui l'ont empruntée. Elle a su attirer des enseignants compétents, créer et entretenir des relations de confiance avec les milieux économiques

Les universités ont montré leur capacité à former des jeunes pour un niveau autre que celui pour lequel on les reconnait habituellement, accès aux grandes écoles et aux professions libérales. Elles ont réussi une ouverture à de nouvelles fonctions, et à développer des enseignements techniques supérieurs vers de nouveaux créneaux.

Au bénéfice des étudiants, la nouvelle filière a ouvert un chemin de réussite dans les enseignements supérieurs à des jeunes qui auraient certainement échoué dans les filières traditionnelles des anciennes facultés On a offert à des jeunes désireux d'accéder à l'enseignement supérieur le moyen d'y entrer plutôt que de les exclure en les envoyant dans des formations extérieures aux universités.

Cette réussite pédagogique a toutefois ses limites. Insidieusement, la finalité choisie et affichée de former des techniciens supérieurs a été détournée par le jeu des stratégies personnelles et familiales, avec une certaine complicité des institutions, vers un accès indirect aux formations « sommitales ». Et en fait, les véritables techniciens supérieurs viennent des lycées techniques. Mais faut-il s'alarmer de la création d'une seconde voie d'accès aux grandes écoles, si tous y trouvent leur compte ?

Au passif de l'opération IUT, on inscrira, pour l'Administration, l'échec partiel de la maîtrise des flux d'étudiants : les 120 000 étudiants qu'ils hébergent actuellement ne sont pas à la hauteur des objectifs qu'il aurait fallu atteindre pour éviter que des étudiants insuffisamment préparés et mal orientés n'aillent échouer dans les études supérieures. Et les événements de 1968 ont montré que les problèmes de la jeunesse n'étaient pas « solubles » dans les IUT. Le problème était plus vaste et plus complexe. Mais il est vrai qu'il n'a jamais été dit que les IUT allaient à eux seuls résoudre les problèmes des universités.

Au passif également, le non-règlement de la dualité des STS et des IUT, soit par la suppression des premières, soit par une doctrine du partage et un règlement du modus vivendi. C'est finalement la pratique locale qui régit la question. La dualité est entrée dans les mœurs et les usagers s'en accommodent. C'est sans doute la sagesse à défaut de décision.

En définitive, Les quarante huit ans de vie des IUT sont un gage de leur valeur et de leur solidité. Il faut en savoir gré à ceux qui sont parvenus à faire naître et aussi vivre et une entité nouvelle dans les vénérables structures des enseignements supérieurs. Il serait regrettable que l'avenir des IUT soit menacé par des réformes qui ne tiendraient pas compte de la réussite d'une initiative qui montre la possibilité d'une ouverture et d'une professionnalisation des enseignements supérieurs.

ANNEXE 1

La commission des « dix-huit »

Elle a travaillé pendant l'année universitaire 1963-1964, sous la présidence du Ministre de l'Éducation nationale, M. Christian Fouchet, assisté du secrétaire général du ministère, M. Pierre Laurent. Cette commission comprenait :

MM. Antonini, secrétaire général de la SNCF.

Aymard, doyen de la faculté des lettres de Paris.

Bloch-Lainé, directeur général de la Caisse des dépôts et consignations.

Capelle, directeur général de l'organisation et des programmes scolaires.

Chamoux, professeur à la faculté des lettres à Paris.

Davril, directeur général de l'enseignement supérieur.

Debeyre, recteur de l'académie de Lille.

Dubois, directeur-adjoint de l'enseignement supérieur.

Grappin, professeur à la faculté des lettres de Paris.

Guichard, délégué à l'aménagement du territoire et à l'action régionale.

Guyon, doyen de la faculté des lettres d'Aix.

Jacquinot, directeur général du CNRS.

Morazé, directeur d'études à l'École pratique des hautes études.

Ponte, président-directeur général de la C.S.F.

Schwartz, directeur de l'École des mines et de la métallurgie de Nancy.

Vedel, doyen de la faculté de droit de Paris.
Weil, doyen de la faculté des sciences de Grenoble.
Zamansky, doyen de la faculté des sciences de Paris.

ANNEXE 2

La commission des « instituts de formation technique supérieure »

Cette commission a travaillé de janvier à juin 1965, sous la présidence du Ministre de l'Éducation nationale, assisté du secrétaire général du Ministère ; elle comprenait 20 membres, dont 8, désignés par un astérisque, avaient travaillé dans le cadre de la Commission des 18*.

MM. Aigrain, professeur à la faculté des sciences de Paris.

Bernard, professeur au Conservatoire national des arts et métiers.

*Bloch-Lainé, directeur général de la Caisse des dépôts et consignations.

Chapsal, directeur de l'Institut d'études politiques de Paris.

Chapulut, président de la Commission de formation du conseil national du patronat français.

Cheradame, directeur des études à l'École polytechnique.

*Davril, directeur des enseignements supérieurs.

*Debeyre, recteur de l'académie de Lille.

Debiesse, directeur du centre d'études nucléaires de Saclay.

Dontot, directeur général de la Compagnie Française Thomson-Houston.

Ducray, chef du service des statistiques du ministère de l'éducation nationale.

Escande, directeur de l'École nationale supérieure d'ingénieurs d'électronique, d'électrotechnique et d'hydraulique de Toulouse.

Galoni, délégué de la Confédération française démocratique du travail.

Maxe, inspecteur général de l'enseignement technique.

*Morazé, directeur d'études à l'École pratique des hautes études.

*Ponte, président-directeur général de la C.S.F.

*Schwartz, directeur de l'École des mines et de la métallurgie de Nancy.

Schmitt, recteur de l'académie de Nantes.

*Weil, doyen de la faculté des sciences de Grenoble.

*Zamansky, doyen de la faculté des sciences de Paris.

ANNEXE 3

Liste des spécialités des sections d'IUT

Liste actuelle des spécialités des IUT

Secteur des services
- Carrières juridiques
- Carrières sociales
- Gestion administrative et commerciale
- Gestion des entreprises et administrations
- Gestion logistique et transport
- Information-communication
- Statistique et informatique décisionnelle
- Technique de commercialisation

Secteur industriel
- Chimie
- Génie biologique
- Génie chimique-génie des procédés
- Génie civil-construction durable
- Génie électrique et informatique industrielle
- Génie industriel et maintenance
- Génie mécanique et productique
- Génie thermique et énergie
- Hygiène, sécurité, environnement
- Informatique
- Mesures physiques
- Métiers du multimédia et de l'internet
- Packaging, emballage et conditionnement
- Qualité, logistique industrielle et organisation
- Réseaux et télécommunications
- Sciences et génie des matériaux

SOURCES ET BIBLIOGRAPHIE

SOURCES

FONDS D'ARCHIVES

Archives du ministère de l'Éducation nationale 820 129, 870 199 0010, 870 199 0011.
Archives Henri Domerg 574 AP3, AP4, AP5, AP6.
Archives Debré, FNSP, Carton DE.

ARCHIVES ORALES

Service d'Histoire de l'éducation (ex-INRP) Entretiens des 17 décembre 1996, 10 février 1997.
Entretiens avec des témoins de l'histoire des IUT (mentionnés en notes de bas de page).

SOURCES IMPRIMÉES

Statistiques

Annuaire statistique de la France 1948-1988.
Documentation statistique du ministère de l'Éducation nationale, notamment « Repères et documents statistiques ».
« Une histoire en chiffres de l'Enseignement supérieur en France », Antoine Prost et Jean-Richard Cytermann, in *Le Mouvement social*, n° 233 de 2010.
Enquêtes annuelles menées conjointement par l'ADIUT, l'UNPIUT et le ministère chargé de l'enseignement supérieur.

Documents écrits

Bulletin Officiel de l'Éducation nationale 1966-2000.

Revue de l'Enseignement supérieur, 1963-1965.
Revue « L'Éducation nationale », 1964-1967.
Documents produits par le Commissariat général au Plan : rapports relatifs au 4e, 5e, 6e et 7e plans.
Documents produits par le CEREQ, notamment :
Bref n° 36 (1988), 82 (1992).
Documents de travail n° 50 (1989), 64 (1991), 88 (1993).
Dossiers du CEREQ, FQE (1973).
Études n° 28 (1986), 52 (1989), 60 (1991).
Formation-Emploi (avril-juin 1989).
Développement territorial : l'impact du plan Université 2000 (1990-1995), Paris, la Documentation française, 1998.

BIBLIOGRAPHIE

AIGRAIN, Pierre, *Simples propos d'un homme de sciences*, Paris Hermann, 1983.
BARON, Myriam, *La place des IUT dans la structuration de l'espace de formation supérieur en France*, thèse de géographie, 1994.
BERNARD, Michel-Yves, *Les instituts universitaires de technologie*, Paris, Dunod, 1970.
BERNARD, Michel, *Genèse et développement des IUT 1965-1975, contribution à l'analyse et à l'évaluation des innovations en éducation*, thèse pour le doctorat d'État en Lettres et Sciences Humaines, CNAM, 1977.
BOURSIN, Jean-Louis, *Les instituts universitaires de technologie*, Paris, Montréal, Bordas, 1970.
BRUCY, Guy, *Histoire des diplômes de l'enseignement technique (1880-1965)*, thèse pour le doctorat d'Histoire, université Paris I-Panthéon Sorbonne, mars 1993.
CAPELLE, Jean, *Éducation et politique*, Paris, PUF, 1974.
CROS, Louis, *L'explosion scolaire*, Paris, CUIP, 1961.
DE CHALENDAR, Jacques, *Une loi pour l'université*, Paris, Desclées de Bronwer, 1970.
DOMENC, Michel, GILLES, Jean-Pierre, *Les techniciens supérieurs cadres ou ouvriers*, Paris, CERF, 1977.
DUHAMEL, Serge et SEGAUD, Pierre, *Les constructions scolaires et universitaires*, Paris, Berger-Levrault, 1969.
ERTUL Servet (Dir), *L'enseignement professionnel court post-baccalauréat, IUT, STS*, Paris, PUF, 2000.

FOX, Robert, WEISZ, George, *The organization of science and technology in France, 1808-1914*, Cambridge, Cambridge University Press, 1980.

FRIDENSON, Patrick, « La politique universitaire depuis 1968 », in *Le mouvement social*, n° 233, octobre-décembre 2010.

GRELON, André, « *Les universités et la formation des ingénieurs en France (1870-1914)* », *Formation-Emploi* n° 27-28, juillet-décembre 1989, p. 65-88.

GRELON, André, BIRCK, Françoise, *Des ingénieurs pour la Lorraine*, XIX-XX siècles, Paris, Édition Serpenoise, 2007.

LAMARD, Pierre, LEQUIN, Yves-Claude, *La technologie entre à l'université*, Belfort-Montbéliard, UTBM, 2005.

LAMOURE, Jean, Les IUT : *les limites d'une expérience réussie, une approche des conditions de réalisation d'une réforme dans l'enseignement professionnel*, thèse pour l'obtention d'un troisième cycle en sociologie, université de Caen, 1980.

MERCIER, Michel, *Montluçon ville universitaire* (1968-1998) in Montluçon n° 50 – 1999.

MEYLAN, François, « De l'École nationale professionnelle au baccalauréat de technicien, ou l'évolution d'une filière de l'enseignement technique » in *Formation-Emploi* n° 4, oct-décembre 1983, p. 24 à 63.

MUSSELIN, Christine, *La longue marche des universités françaises*, Paris, PUF, 2001.

NARBONNE, Jacques, *De Gaulle et l'Éducation*, Paris, Dunod, 1964.

PROST, Antoine, *Éducation, Société et politiques* Paris, Seuil, 1997.

PROST, Antoine, *Histoire de l'Enseignement et de l'Éducation depuis 1930*, Paris, Perrin, 2004.

INDEX DES NOMS DE PERSONNES

AIGRAIN, Pierre : 11, 54, 63, 64, 65, 66
ALAUZEN, René : 86, 87, 90
ALLÈGRE, Claude : 23, 97, 115
AMESTOY, Georges : 54
ANTONINI, Jules : 53, 83, 102
AUGER, Pierre : 28
AYMARD, André : 53

BAILLY, Jean : 90
BAILLY, Pierre : 82
BARDET, Jean-Pierre : 178
BARON, Myriam : 12, 72, 84, 113
BELBENOIT, Béatrice : 167
BERGER, Gaston : 29
BERNARD, Michel : 12
BERNARD, Michel-Yves : 12, 55, 57, 63, 64, 65, 66, 67, 68, 69, 71, 73, 85, 95, 102, 141, 150, 162, 168, 171
BERTHOIN, Jean : 37
BILLÈRES, René : 38
BLANCHARD, Alain : 41
BLOCH-LAINÉ, François : 53, 54
BODEZ, Gilbert : 95
BOULLOCHE, André : 49, 53
BOURSIN, Jean-Louis : 172
BRUCY, Guy : 164
BURIN DES ROZIERS : 35

CAM, Pierre : 177
CAPDECOMME, Laurent : 27, 31, 38
CAPELLE, Jean : 30, 36, 39, 40, 47, 48, 53, 55, 108
CHAMOUX, François : 53
CHAPSAL, Jacques : 70
CHAPUIS, Robert :
CHAPULUT, Jean-Noël : 65, 68
CHÉRADAME, Raymond : 39
CHESSEL, Marie : 55
CHEVÉNEMENT, Jean-Pierre : 23, 47, 84, 11
CLAUDIUS-PETIT, Eugène : 97
COUDANNE, Hubert : 94, 95
COUVE DE MURVILLE, Maurice : 36
CRÉMIEUX-BRILHAC, Jean-Louis : 50
CROS, Louis : 38

DAVRIL, Robert : 31, 53, 54, 63
DEBETTE, Bernard : 87
DEBEYRE, Guy : 53
DEBIESSE, Jean :
DEBRÉ, Michel : 30, 43, 47, 71, 83
DECOMPS, Bernard : 152
DE GAULLE, Charles : 27, 32, 35, 36, 39, 85
DELACHEISSERIE, Antoine : 175
DOMERG, Henri : 16, 36, 57, 60
DENIELOU, Guy : 55
DONZELOT, Pierre : 28
DOURS, Jean : 38
DUBOIS, Jacques-Émile : 28, 53, 54
DUCRAY, Gabriel : 40, 41
DULÉRY, Françoise : 44
DUPONT-FAUVILLE, Antoine : 44

FAURE, Edgar : 102, 146
FERREZ, Jean : 38, 48, 87
FORESTIER, Christian : 12, 167
FOUCHET, Christian : 37, 38, 60, 102
FOX, Robert : 22
FREMOND, Armand : 115
FRIDENSON, Patrick : 16

GALICHON, Georges : 36

GALONI, Pierre : 146
GAUDEMAR, Jean-Paul de : 118
GILLES, Jean-Pierre : 148
GRAVET, Pierre : 113
GRANDVAL, Gilbert : 40
GRAPPIN, Pierre : 53
GRELON, André : 22
GUICHARD, Olivier : 47, 53, 55
GUYON, Bernard : 53

HERRIOT, Édouard : 156

JACQUINOT, Louis : 53
JEANNENEY, Jean-Marcel : 70
JOBERT, Michel : 60
JOSPIN, Lionel : 115, 116
JOXE, Louis : 37
JULES-JULIEN, Alfred : 156

LAPALUS, Étienne : 91
LASSOURIA, Jean : 12
LAURENT, Pierre : 32, 37, 38, 40, 43, 46, 47, 48, 55, 57, 59, 60, 61, 70, 80, 82, 85
LEGOUX, Yves : 82
LEMAIRE, Sylvie : 169
LE NIR, Michel : 175, 177
LEQUIN, Yves-Claude :, 22

MACLOUF, Pierre : 200
MALAUD, Philippe : 93
MALLET, Robert : 87
MAXE, Yvon : 57, 192
MENDÈS-FRANCE Pierre : 37, 51
MENIER, Jacques : 94
MERCIER, Michel : 14
MERLIN, Paul-Louis : 54
MEYLAN, Françoise : 24
MONOD, Gustave : 38
MORAZE, Charles : 53, 55
MUSSELIN, Christine : 27

NACHOT, Marc : 51
NARBONNE, Jacques : 27, 30, 35, 36, 38, 59
NEEL, Louis : 54

PAJOT, Robert : 87, 157
PAYE, Lucien : 30
PEYLET, Roland : 116
PEYREFITTE, Alain : 102
POMPIDOU, Georges : 16, 30, 36, 38, 59
PONTE, Maurice : 53
PROST, Antoine : 12, 29, 32, 48, 51

QUENTIER, René : 87
QUERMONNE, Jean-Louis : 70, 73

REY-LEFEBVRE, Isabelle : 168
RICOEUR, Paul : 51
ROCARD, Michel : 117

SALOMON, Jean-Claude : 71, 74, 87
SAUNIER-SEITE, Alice : 108, 109
SAUREL, René : 91
SAUTTER, Christian : 116
SCHMITT, Max : 57, 192
SCHWARTZ, Bertrand : 53, 54, 69, 95
SICARD, Germain : 28
SOISSON, Jean-Pierre : 70, 108
SPENNATO, Mickael : 175, 177
SUDREAU, Pierre : 37
SUEUR, Frédéric : 151

TABATONI, Pierre : 71
TRAVERT, Josette : 16
TRICOT, Bernard : 43

VEDEL, Georges : 53

WEIL, Louis : 53
WEISZ, Georges :

ZAMANSKY, Marc : 53
ZAY, Jean : 38

INDEX DES NOMS DE LIEUX

Aisne : 87
Aix-en-Provence : 22, 28
Alès : 22
Amiens : 87, 166
Angers : 22
Angoulême : 104
Arras : 117
Auxerre : 108

Belfort-Montbéliard : 47, 90, 141
Besançon : 90, 141
Béthune : 136
Bordeaux : 141
Bourges : 141
Bretagne : 119

Cachan : 72
Caen : 23, 28, 29, 53
Calais : 104
Chalons sur Marne : 22
Clermont-Ferrand : 91, 92
Compiègne : 47, 55
Côte d'Or : 93
Creil : 87, 95

Dijon : 28, 93
Douai : 22

Égletons : 141

Flandre : 119

Grenoble : 53, 54, 70, 119

Île-de-France : 116, 119

La Fère : 87
La Rochelle : 104
Le Creusot : 93, 142
Le Havre : 136
Lille : 141, 151
Limoges : 22, 90, 91, 138
Longwy : 104
Lyon : 22, 90, 91, 138

Marseille : 86, 166
Metz : 166
Mons-en-Baroeul : 151
Montluçon : 91, 92, 93
Mulhouse : 142

Nancy : 39, 40, 45, 69, 71, 95, 133, 136
Nantes : 28, 142
Nevers : 93
Nice : 22, 28
Nièvre : 93
Nord : 22

Oise : 87
Orléans : 22, 28
Orsay : 72, 95, 104

Paris : 71, 94, 141
Poitiers : 22, 28

Quimper : 119

Reims : 22, 28
Rennes : 141
Rouen : 22, 71, 72

Saint-Étienne : 22, 28, 90
Saône-et-Loire : 93
Sceaux : 141

Toulouse : 28, 71, 107
Tours : 22, 28
Troyes : 104

Vannes : 104, 144
Verdun : 95
Vichy : 92
Villeurbanne : 91, 166
Villetaneuse : 107

TABLE DES FIGURES

FIG. 1 – Organigramme du Ministère en 1960 31

FIG. 2 – Organigramme du secrétariat général 41

FIG. 3 – Organigramme 1962 74

FIG. 4 – Organigramme 1965 75

FIG. 5 – Nombre d'IUT en 1970 88

FIG. 6 – Nombre d'IUT en 2002 89

FIG. 7 – Constructions industrialisées 98

FIG. 8 – Création de départements d'IUT de 1966 à 1975 101

FIG. 9 – Les effectifs de l'Enseignement supérieur de 1970 à 2008 115

FIG. 10 – Nombre d'implantations en 1970 120

FIG. 11 – Nombre d'implantations en 2002 121

FIG. 12 – Personnel enseignant des IUT (rentrée 1968) 134

FIG. 13 – Personnel enseignant des IUT rentrée 2002 134

FIG. 14 – Effectifs de l'apprentissage dans les enseignements supérieurs (métropole et DOM y compris Mayotte) 139

FIG. 15 – Effectifs d'étudiants des IUT et des STS 154

Fig. 16 – Pourcentage de bacheliers « généraux » parmi l'ensemble des recrutés en IUT 165

Fig. 17 – Flux d'entrée en IUT par origine scolaire (étudiants français, en pourcentage) 167

Fig. 18 – Part des femmes dans les effectifs des étudiants des IUT 170

Fig. 19 – Pourcentage de poursuites d'études en 1984-1985 après un DUT selon la série du baccalauréat 173

TABLE DES MATIÈRES

ABRÉVIATIONS 7

INTRODUCTION 11

PREMIÈRE PARTIE

L'INVENTION DES IUT

L'ÉDUCATION NATIONALE
ET LES FORMATIONS TECHNIQUES
Des lacunes dans la formation des techniciens 21

L'AFFLUX DES ÉTUDIANTS,
UNE PRISE DE CONSCIENCE TARDIVE 27

LES ACTEURS, LES PARTENAIRES, LES RÉFLEXIONS 35

LES TRAVAUX DES COMMISSIONS
DES « DIX HUIT » ET DES IFTS 53

L'ÉLABORATION DU CONCEPT D'INSTITUT UNIVERSITAIRE
DE TECHNOLOGIE 63

DEUXIÈME PARTIE

LES PRINCIPALES ÉPOQUES DE LA VIE DES IUT

UN ACCUEIL AMBIGU 79

LE LANCEMENT DES IUT
Une opération centralisée menée avec détermination 85

LA CROISSANCE ET LES CRITIQUES 1966-1975 101

UNE REPRISE DE LA CROISSANCE
ET UN NOUVEAU RÔLE GÉOGRAPHIQUE DES IUT
Université 2000 111

TROISIÈME PARTIE

UNE RÉUSSITE GLOBALE MAIS DES PROBLÈMES PERMANENTS

ORGANISATION PÉDAGOGIQUE
Une réussite globale, Recherche : des incertitudes 129
La formation des adultes 136
L'apprentissage 137
Les associations à vocation pédagogique 139
La recherche 141

L'INSTABILITÉ DE LA NOTION
DE TECHNICIEN SUPÉRIEUR
Quelle carrière ? 143
Quelle définition du technicien supérieur ? 144
Les conventions collectives 145

L'entrée dans la vie active 148
Les développements de carrière 150

LA RÉSISTANCE DES SECTIONS
DE TECHNICIENS SUPÉRIEURS 153

LES ÉTUDIANTS ET LES ÉTUDIANTES,
QUEL RECRUTEMENT ? 161
Dès l'origine, un recrutement
largement ouvert au niveau du baccalauréat 161
Hommes et femmes 170

LES POURSUITES D'ÉTUDES 171
L'importance des poursuites d'études :
un problème récurrent 171
Diversité des poursuites d'études 174
La licence professionnelle :
l'accès à la formation en 3 ans
et une garantie supplémentaire d'accès à l'emploi 175
Nouvelles tendances des poursuites d'études ? 176
Les IUT, élément important du recrutement
des écoles d'ingénieurs, des écoles de commerce
et des seconds cycles de l'Enseignement supérieur 177

LES PROBLÈMES DE GOUVERNANCE 181
Les structures nationales et la centralisation 181
Les organismes consultatifs :
lenteur de leur mise en place 182
Évolution des rapports ministère,
rectorats, universités, IUT 183

CONCLUSION 187

ANNEXE 1
La commission des « dix-huit » 189

ANNEXE 2
La commission des « instituts
de formation technique supérieure » 191

ANNEXE 3
Liste des spécialités des sections d'IUT 193

SOURCES ET BIBLIOGRAPHIE 195

INDEX DES NOMS DE PERSONNES 199

INDEX DES NOMS DE LIEUX 201

TABLES DES FIGURES 203

IMPRIM'VERT®

Achevé d'imprimer par Corlet Numérique,
à Condé-sur-Noireau (Calvados), en novembre 2016
N° d'impression : 133993 – Dépôt légal : novembre 2016
Imprimé en France